Schnittpunkt 8

Mathematik
Rheinland-Pfalz

Lösungen

Ernst Klett Verlag
Stuttgart · Leipzig

Schnittpunkt 8, Mathematik, Rheinland-Pfalz

1. Auflage 1 ⁷ ⁶ ⁵ | 2014 13 12 11 10

Alle Drucke dieser Auflage sind unverändert und können im Unterricht nebeneinander verwendet werden. Die letzten Zahlen bezeichnen jeweils die Auflage und das Jahr des Druckes.

Das Werk und seine Teile sind urheberrechtlich geschützt.
Jede Nutzung in anderen als den gesetzlich zugelassenen Fällen bedarf der vorherigen schriftlichen Einwilligung des Verlages. Hinweis zu §52a UrhG: Weder das Werk noch seine Teile dürfen ohne eine solche Einwilligung eingescannt und in ein Netzwerk eingestellt werden. Dies gilt auch für Intranets von Schulen und sonstigen Bildungseinrichtungen.
Fotomechanische oder andere Wiedergabeverfahren nur mit Genehmigung des Verlages.

© Ernst Klett Verlag GmbH, Stuttgart 2008.
Alle Rechte vorbehalten.
Internetadresse: www.klett.de

Redaktion: Annette Thomas, Claudia Gritzbach

Zeichnungen: media office gmbh, Kornwestheim; imprint, Zusmarshausen
Bildkonzept Umschlag: SoldanKommunikation, Stuttgart
Umschlagfoto: Klaus Mellenthin, Stuttgart

Reproduktion: Meyle + Müller, Medien-Management, Pforzheim
DTP/Satz: media office gmbh, Kornwestheim; imprint, Zusmarshausen
Druck: Digitaldruck Tebben, Biessenhofen
Printed in Germany

ISBN 978-3-12-742683-0

Inhalt

1 Rechnen mit Termen ___ L1

1 Ausmultiplizieren. Ausklammern ___ L1
2 Multiplizieren von Summen ___ L2
3 Binomische Formeln ___ L4
4 Faktorisieren mit binomischen Formeln ___ L6
   Üben • Anwenden • Nachdenken ___ L7

2 Gleichungen. Ungleichungen ___ L11

1 Gleichungen mit Klammern ___ L11
2 Ungleichungen ___ L12
3 Formeln ___ L13
   Üben • Anwenden • Nachdenken ___ L14

3 Umfang und Flächeninhalt ___ L17

1 Quadrat und Rechteck ___ L17
2 Parallelogramm und Raute ___ L18
3 Dreieck ___ L19
4 Trapez ___ L21
5 Vielecke ___ L23
6 Kreisumfang ___ L24
7 Kreisfläche ___ L25
   Üben • Anwenden • Nachdenken ___ L27

4 Prozent- und Zinsrechnen ___ L29

1 Grundwert. Prozentwert. Prozentsatz ___ L29
2 Vermehrter und verminderter Grundwert ___ L31
3 Zinsrechnung ___ L32
4 Tageszinsen ___ L33
   Üben • Anwenden • Nachdenken ___ L34

5 Zufall und Wahrscheinlichkeit ___ L37

1 Zufallsversuche ___ L37
2 Wahrscheinlichkeiten ___ L38
3 Ereignisse ___ L38
4 Schätzen von Wahrscheinlichkeiten ___ L40
   Üben • Anwenden • Nachdenken ___ L41

6 Prismen und Zylinder ___ L43

1 Quader und Würfel ___ L43
2 Prisma. Netz und Oberfläche ___ L45
3 Schrägbild ___ L47
4 Prisma. Volumen ___ L49
5 Zylinder. Oberfläche ___ L50
6 Zylinder. Volumen ___ L52
7 Zusammengesetzte Körper. Hohlkörper ___ L53
   Üben • Anwenden • Nachdenken ___ L56

7 Lineare Funktionen ___ L61

1 Funktionen ___ L61
2 Proportionale Funktionen ___ L65
3 Lineare Funktionen ___ L67
4 Modellieren mit Funktionen ___ L69
   Üben • Anwenden • Nachdenken ___ L72

Treffpunkte ___ L76

1 Treffpunkt Natur ___ L76
2 Treffpunkt Tour de France ___ L78
3 Treffpunkt Wikinger ___ L79

1 Rechnen mit Termen

Auftaktseite: Rechtecke legen

Seite 12 und 13

- Sandra und Daniel haben beide Recht. Es kommt darauf an, wie man zählt. Sandra zählt ein großes Quadrat (n^2), drei Rechtecke ($3n$) und zwei kleine Quadrate (2). Daniel berechnet den Flächeninhalt des großen Rechtecks mit der Formel Länge ($n + 2$) mal Breite ($n + 1$).
- Die Gesamtfläche kann man als $2n^2 + 8n + 6$ oder als $(2n + 2)(n + 3)$ angeben.
- Der Term $n^2 - 2n$ lässt sich nur darstellen, wenn man von dem Quadrat zwei Rechtecke abschneiden würde. Damit wäre ein möglicher Term für diese Fläche $(n - 2)n$.

1 Ausmultiplizieren. Ausklammern

Seite 14

Einstiegsaufgabe

→ Beispiel: Die Flächenstücke $a \cdot r$ und $c \cdot r$ oder die Stücke $a \cdot r$ und $a \cdot c$ passen zusammen.

→ Für die Beispiele oben erhält man $a \cdot r + c \cdot r$ bzw. $(a + c) \cdot r$ und im zweiten Fall $a \cdot r + a \cdot c$ bzw. $a \cdot (r + c)$.

→ Die Summe der Einzelflächen besteht aus Produkten, deren einer Faktor eine Seitenlänge (z.B. a) des Rechtecks ist und deren anderer Faktor jeweils ein Teilstück der zweiten Seite des Rechtecks ist (z.B. r, s, t).

Seite 15

1
a) $4 \cdot 30 + 4 \cdot 6 = 120 + 24 = 144$
   $5 \cdot 40 + 5 \cdot 3 = 200 + 15 = 215$
   $6 \cdot 20 + 6 \cdot 4 = 120 + 24 = 144$
b) $7 \cdot 40 + 7 \cdot 4 = 280 + 28 = 308$
   $8 \cdot 50 + 8 \cdot 3 = 400 + 24 = 424$
   $9 \cdot 60 + 9 \cdot 5 = 540 + 45 = 585$
c) $30 \cdot 9 + 4 \cdot 9 = 270 + 36 = 306$
   $8 \cdot 80 + 8 \cdot 2 = 640 + 16 = 656$
   $9 \cdot 70 + 9 \cdot 3 = 630 + 27 = 657$

2
a) $6 \cdot (80 - 2) = 480 - 12 = 468$
   $8 \cdot (40 - 2) = 320 - 16 = 304$
   $7 \cdot (90 - 3) = 630 - 21 = 609$
b) $12 \cdot (30 - 3) = 360 - 36 = 324$
   $11 \cdot (90 - 5) = 990 - 55 = 935$
   $9 \cdot (70 - 1) = 630 - 9 = 621$
c) $13 \cdot (20 - 1) = 260 - 13 = 247$
   $12 \cdot (50 - 2) = 600 - 24 = 576$
   $15 \cdot (40 - 1) = 600 - 15 = 585$

3 a) $a(b + c) = ab + ac$
b) $x(r + s + t) = xr + xs + xt$
c) $m(n + 2n + 3f) = mn + 2mn + 3mf$
   $= 3mn + 3mf$
d) $2s(e + 2f + c + d) = 2se + 4sf + 2sc + 2sd$

4 a) $5x + 10$ b) $x + xy$
c) $7a - 7$ d) $-12m - 10mn$
e) $2xy - 4x$ f) $-6fg + 24g$
g) $-180a + 36ab$ h) $27ab - 36a^2$
i) $3{,}5z^2 + 0{,}75z$ j) $6r^2s - 9rs^2$

5 a) 3200   b) 54   c) 980

6 A = D
C = J
E = H
K = B
F: keine Entsprechung
I: keine Entsprechung
G: keine Entsprechung
L: keine Entsprechung

7 a) $6x^2 - 9xy$ b) $4ab + 12ab = 16ab$
c) $-18ab + 8ac$ d) $-10ab + 15a^2$
e) $-27p^2 + 18pq$ f) $-15a^2b - 20ab^2$
g) $12x^2y - 18xy^2$ h) $7{,}5x^2y - 10xy$

8 a) $8(4x + 3y)$ b) $7x(7y + 3)$
c) $11y(2x + 3z)$ d) $9b(-5a + 3c)$
e) $20s(3t + 4s)$ f) $15vw(7v - 4)$
g) $12mn(-6m + 7n)$ h) $28xy(3xy - 2)$

9 a) $4a(11a - 24b)$ b) $3(10y^2 - 17z^2)$
c) $xy(25x - 16y)$ d) $xy(12x - 7z)$
e) $30xy(8y - 5x)$ f) $3xy(9x^2 - 11y)$
g) $5xy(2x - 7)$ h) $5xy^2(17 - 21x)$

10 a) $9x(4 + 3y) = 36x + 27xy$
b) $6a(2a - 9b) = 12a^2 - 54ab$
c) $(-5x)(2y - 4x) = -10xy + 20x^2$
d) $(-ab)(-a - b) = a^2b + ab^2$
e) $(s + 3rs)(-7s) = -7s^2 - 21rs^2$
f) $(-25xy - (-0{,}5y))(-4y) = 100xy^2 - 2y^2$

11 a) $5x - 3y$ b) $3t^2 - 5s$
c) $-4a - 3a^2$ d) $-3x + 4xy$
e) $24ab + 30bc$ f) $\frac{1}{2}x + \frac{3}{4}y^2$

Seite 16

Summenterm, Produktterm

- $(n + 1)2n = 2n^2 + 2n$
  $n(2n + 1) = 2n^2 + n$
  $(2n + 1)3n = 6n^2 + 3n$
- individuelle Lösungen

12 a) $4a + 4b + 12c$
b) $4x^2 + 8xy - 4xz$
c) $-10a^2 + 2a^3 + 24ab^2$
d) $10x^2y - 14xy^2 - 6xyz$
e) $15x^2y - 3y^2 + 3y^2z$
f) $18ru + 8su - 2u$
g) $10a^2b - 15ab^2 + 5abc$
h) $-18u^2 + 8uv - 2u$

13 a) $-8x - 12y$ b) $-11a + 17b$
c) $-4z + 12y$ d) $-2u + 3v - 4w$
e) $e + f^2 + g$ f) $0,5x - 0,8y^2$
g) $-q + r$ h) $-3a^2 - ab$

14 a) $(x + 3)4x = 4x^2 + 12x$
b) $2c(6a + 8b) = 12ac + 16bc$
c) $2z(1,5x + 6y) = 3xz + 12yz$
d) $3v(8r + t + y + w) = 24vr + 3vt + 3vy + 3vw$

15 a) $(-1)(a + 2)$ b) $(-1)(5 + x^2)$
c) $(-1)(12a - b)$ d) $(-1)(v - w^2)$
e) $(-1)(x - 2xy + y)$ f) $(-1)(-5a^2 - 4b^2 - 3c^2)$

16 a) $7mn(5 - 3m + 9n)$
b) $8xy(3y + 5x - 6)$
c) $9ab^2c(3 - 9abc - 6a)$
d) $-6abc(9ab + 3b - 8c + 10)$
e) $7xyz(6x^2y - xz - 2yz - 7xy)$

17 a) $6a + 9b$ b) $6x^2 - 9x$
c) $-5a^2b + 3ab$ d) $-12x^2 + 9y^2$
e) $7xy - 9yt$ f) $7ax^2 + 9by^2$

18 Sven hat vergessen, die 7 im Zähler auszuklammern. Er hat nur den Minuenden gekürzt.
a) $2a - 1$ b) $3xy + 1$
c) $1 - 2ac$ d) $9x^2 - 1$

2 Multiplizieren von Summen

Seite 17

Einstiegsaufgabe
→ $n^2 + 4n + 3$
→ Die beiden Terme müssen gleich sein, da mit beiden der Flächeninhalt berechnet wird.

→ $(2n + 1) \cdot (n + 2)$; $(2n^2 + 5n + 2)$
→ individuelle Lösungen

Seite 18

1 a) $(n + 2)(2n + 1) = 2n^2 + 5n + 2$
b) $(2n + 1)(3n + 2) = 6n^2 + 7n + 2$
c) $(n + 1)(4n + 3) = 4n^2 + 7n + 3$
d) individuelle Lösungen

2 a) $n^2 + n$ b) $4n^2 + 8n$
c) $n^2 + 5n + 6$ d) $4n^2 + 12n + 9$
e) $4n^2 + 4n$ f) $2n^2 + 4n + 2$

3 a) $(n + 2)(n + 2)$

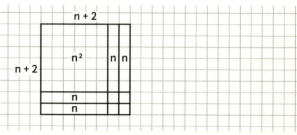

b) $(n + 3)(n + 4)$

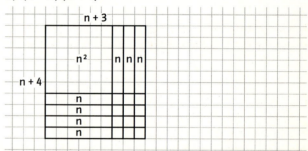

c) $(n + 2)(n + 3)$

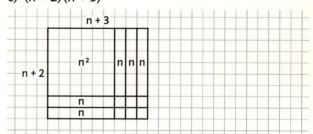

d) $(2n + 1)(n + 1)$

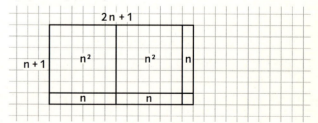

Randspalte
$(2x + 1)(3x + 2) = 6x^2 + 7x + 2$
$(2x + 1)(3x - 2) = 6x^2 - x - 2$
$(2x - 1)(3x + 2) = 6x^2 + x - 2$

$(2x - 1)(3x - 2) = 6x^2 - 7x + 2$
$(1 - 2x)(3x + 2) = -6x^2 - x + 2$
$(1 - 2x)(3x - 2) = -6x^2 + 7x - 2$
$(1 + 2x)(3x - 2) = 6x^2 - x - 2$
$(1 + 2x)(3x + 2) = 6x^2 + 7x + 2$

4 $16 \cdot 22$
$= (10 + 6)(20 + 2)$
$= 10 \cdot 20 + 10 \cdot 2 + 6 \cdot 20 + 6 \cdot 2$
$= 200 + 20 + 120 + 12 = 352$
a) 840 b) 1134 c) 1428
d) 4950 e) 1064 f) 884

5 a) $x^2 + 5x + 4$ b) $2x^2 + 7x + 3$
c) $6x^2 - 4x - 2$ d) $3x^2 - 13x + 4$
e) $6x^2 - 4x + 2y - 3xy$ f) $6x^2 + 7xy - 10y^2$

6 a) $(△ + ◇)(◯ - □) = △◯ - △□ + ◇◯ - ◇□$
b) $(2□ - △)(◯ - 3◯) = 2□◯ - 6□◯ - △◯ + 3△◯$
c) $(3□ - 2◯)(◯ + 2△) = 3□◯ + 6□△ - 2◯^2 - 4◯△$
d) $(△ - 4□)(-□ + 3◯) = -△□ + 3△◯ + 4□^2 - 12□◯$
e) $(◯ + 2◯ + 3◇)(-◇ - ●) = -◯◇ - ◯● - 2◯◇ - 2◯● - 3◇^2 - 3◇●$
f) $(3◯ - 2◯)(-◇ - 2□ + ●) = -3◯◇ - 6◯□ + 3◯● + 2◯◇ + 4◯□ - 2◯●$

7 a) $18ax + 6bx + 6ay + 2by$
b) $15ac + 20ad + 6bc + 8bd$
c) $48ur - 48us + 24vr - 24vs$
d) $30km - 20kn + 12im - 8in$
e) $135ts + 9tw - 60ws - 4w^2$
f) $24as + 18at - 28bs - 21bt$

8 a) $7,2xy - 18x + 15,36y - 38,4$
b) $14,4y^2 + 6xy - 8,4xy - 3,5x^2 = 14,4y^2 - 2,4xy - 3,5x^2$
c) $-2,4a^2 + 120ab + 0,56ab - 28b^2 = -2,4a^2 + 120,56ab - 28b^2$
d) $-0,6ur + 1,25rv - 7,68su + 16sv$
e) $0,05x^3y - 0,1xy^3 - 0,75x^3 + 1,5xy^2$

9 a) b)

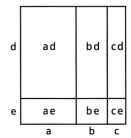

Seite 19

10 a) $\frac{1}{2}xy + \frac{1}{8}x + y + \frac{1}{4}$
b) $30x + x^2 - 3 - \frac{1}{10}x = x^2 + \frac{299}{10}x - 3$
c) $-\frac{1}{2}ab + \frac{1}{8}a + 6b - \frac{3}{2}$
d) $x^2 - \frac{2}{3}xy - \frac{1}{2}xy + \frac{1}{3}y^2 = x^2 - \frac{7}{6}xy + \frac{1}{3}y^2$
e) $\frac{1}{4}a^2 - \frac{3}{8}ab - \frac{2}{9}ab + \frac{1}{3}b^2 = \frac{1}{4}a^2 - \frac{43}{72}ab + \frac{1}{3}b^2$
f) $j^2 - 2ij - \frac{1}{2}ij + i^2 = j^2 - \frac{5}{2}ij + i^2$

11 a) $(10s - 12t)(5s + 4t) = 50s^2 - 20st - 48t^2$
b) $(6x + 4y)(2x + 8) = 12x^2 + 48x + 8xy + 32y$
c) $(7a - b)(5c + 4d) = 35ac - 5bc - 4bd + 28ad$
d) $(6xy + 4x)(3y - 1) = 18xy^2 + 6xy - 4x$
e) $(-10a + 6)(20ab + 12b) = -200a^2b + 72b$

12 a) $42xy - 14xyz = 7xy(6 - 2z)$
b) $39cd - 52df = 13(3cd - 4df)$
c) $-45pq + 27p^2q^2 = -9pq(5 + (-3pq))$
d) $44xyz - 99xz = 11z(4xy - 9x)$
e) $a^2 + 18a + 77 = (a + 7)(a + 11)$
f) $x^2 + 5x - 126 = (x - 9)(x + 14)$
g) $12x^2 + 35x + 18 = (3x + 2)(4x + 9)$

13 a) $(3 + x)(y - 2)$
b) $(x^2 + 1)(y - 3z)$
c) $(4a + 3b - 2c)(2x + 1)$
d) $(a^2 - b^2)(c - d + e)$

14 a) $ab + ac + b^2 + bc$

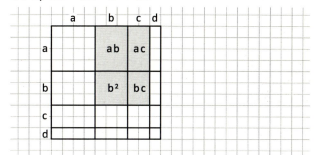

b) $b^2 + bc + bd$

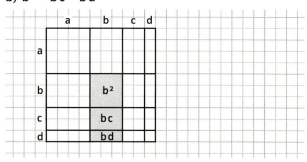

c) $bc + bd + c^2 + cd$

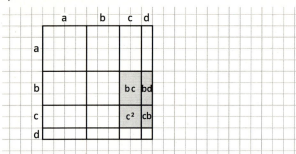

d) $ca + cb + c^2 + ad + bd + cd$

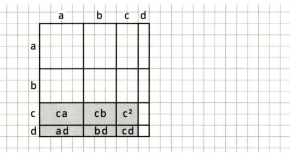

15 a) 1. Quader: $(x + 2)(x + 1)$,
2. Quader: $(x + 1)(x - 1)$,
3. Quader: $(a + b)(c + d)$
b) 1. Quader: $O = 2(x + 2)(x + 1) + 2x(x + 2) + 2x(x + 1)$
2. Quader: $O = 2(x + 1)(x - 1) + 2(x + 1)(2x + 1) + 2(x - 1)(2x + 1)$
3. Quader: $O = 2(a + b)(c + d) + 2(a + b)(e + f) + 2(c + d)(e + f)$
c) 1. Quader: $V = (x + 2)(x + 1)x$
2. Quader: $V = (x + 1)(x - 1)(2x + 1)$
3. Quader: $V = (a + b)(c + d)(e + f)$

16 a) Bei dem ersten Ausdruck wurde die Figur in zwei Rechtecke zerlegt und die Summe dieser Flächeninhalte berechnet. Bei dem zweiten Ausdruck wurde die Figur zunächst zu einem großen Rechteck ergänzt, dann wurde die Ergänzung subtrahiert.
b) $ab + (a + c)d$

17 a) Figur A: T1, T5
Figur B: T2, T4, T6, T8
Figur C: T3, T7
b) Für Figur D ist kein Term formuliert. Möglicher Term: $a(c + d) + b(c + d)$
c) individuelle Lösung

3 Binomische Formeln

Seite 20

Einstiegsaufgabe
→ $(n + 1)^2 = n^2 + 2n + 1$
$(n + 2)^2 = n^2 + 4n + 4$
$(n + 3)^2 = n^2 + 6n + 9$
...
$(n + 25)^2 = n^2 + 50n + 625$

1 a) $(\triangle + \square)^2 = \triangle^2 + 2\triangle\square + \square^2$
b) $(\bigcirc - \square)^2 = \bigcirc^2 - 2\bigcirc\square + \square^2$
c) $(\varhexagon + \triangleright)^2 = \varhexagon^2 + 2\varhexagon\triangleright + \triangleright^2$
d) $(\square + \bigcirc)(\square - \bigcirc) = \square^2 - \bigcirc^2$
e) $(\square + \triangle)^2 = \square^2 + 2\square\triangle + \triangle^2$
f) $(\triangledown + \triangle)(\triangledown - \triangle) = \triangledown^2 - \triangle^2$

2 a) $(v + w)^2 = v^2 + 2vw + w^2$
b) $(a + z)^2 = a^2 + 2az + z^2$
c) $(y + 2)^2 = y^2 + 4y + 4$
d) $(d + e)^2 = d^2 + 2de + e^2$

3 a) $(m - n)^2 = m^2 - 2mn + n^2$
b) $(y - z)^2 = y^2 - 2yz + z^2$
c) $(c + 7)^2 = c^2 + 14c + 49$
d) $(r - s)^2 = r^2 - 2rs + s^2$
e) $(12 - 2a)^2 = 144 - 48a + 4a^2$
f) $(15 + 3i)^2 = 225 + 90i + 9i^2$

4
a) $(y + 4)(y - 4) = y^2 - 16$ b) $(n - q)(n + q) = n^2 - q^2$
$(t + s)(t - s) = t^2 - s^2$ $(u - v)(u + v) = u^2 - v^2$
$(f + g)(f - g) = f^2 - g^2$ $(k - j)(k + j) = k^2 - j^2$

Seite 21

5

	x	y	$(x + y)^2$	$x^2 + y^2$
a)	4	3	49	25
b)	-2	1	1	5
c)	-3	-5	64	34
d)	0,5	1,5	4	2,5
e)	$\frac{1}{3}$	$\frac{1}{6}$	$\frac{1}{4}$	$\frac{5}{36}$

6 a) $v^2 - 6vw + 9w^2$ b) $4x^2 + 12xy + 9y^2$
c) $16p^2 + 40pq + 25q^2$ d) $49c^2 + 70cd + 25d^2$
e) $64a^2 - 144ab + 81b^2$ f) $100x^2 - 180xy + 81y^2$
g) $0,25a^2 + 6ac + 36c^2$ h) $4r^2 - 6rt + 2,25t^2$

7 a) $4s^2 - 9t^2$ b) $100k^2 - 160ki + 64i^2$
c) $36c^2 - 25d^2$ d) $121c^2 + 198cd + 81d^2$
e) $25s^2 - 16t^2$ f) $0,16z^2 - 4zw + 25w^2$
g) $0,01t^2 - 25s^2$ h) $225p^2 - 360pq + 144q^2$

8 Die Abbildung veranschaulicht die dritte binomische Formel. Der Flächeninhalt des Rechtecks ist $(a + b)(a - b)$. Durch Umlegen der Teilflächen ergibt sich ein Quadrat der Seitenlänge a, also mit Flächeninhalt a^2, dem ein kleines Teilquadrat der Seitenlänge b, also mit Flächeninhalt b^2, fehlt. Insgesamt hat das Quadrat also den Flächeninhalt $a^2 - b^2$. Da das Rechteck und das Quadrat denselben Flächeninhalt haben, gilt also: $(a + b)(a - b) = a^2 - b^2$.

9 $(7p + 3q)(7p - 3)$: kein binomischer Term
$(7p + 3q)(7p + 3q)$: erste binomische Formel
$(7p + 3q)(3q + 7p)$: erste binomische Formel
$(7p + 3q)(3p - 7q)$: kein binomischer Term
$(7p + 3q)(7q + 3p)$: kein binomischer Term
$(7p + 3q)(3q - 7p)$: zweite binomische Formel

10 a) $18a^2 + 24ab + 8b^2$
b) $150y^2 - 240yz + 96z^2$
c) $144y^2x + 528yx + 484x$
d) $48p^2s - 144pqs + 108q^2s$
e) $10v^3 - 100v^2w + 250vw^2$
f) $1{,}25c^3 + 10c^2d + 20d^2c$
g) $6m^2 - 24n^2$
h) $9p^3q - 16p^3q^3$

11 a) $10x^2 - 48xy + 144y^2$
b) $-70a^2 - 126ab - 49b^2$
c) $30a - 180ab + 144a^2 + 49b^2$
d) $20b^2 - 80ab + 99a^2$
e) $5x^2 + 36x + 7$
f) $-24x^2 - 12xy + 7y^2$

12 a) $15^2 = 225$
$25^2 = 625$
$45^2 = 2025$
$55^2 = 3025$
$65^2 = 4225$
$85^2 = 7225$
$95^2 = 9025$

b) $105^2 = 11\,025$
$155^2 = 24\,025$
$195^2 = 38\,025$
$205^2 = 42\,025$
$995^2 = 990\,025$
$1005^2 = 1\,010\,025$

c) Sei x die Zehnerziffer. Um das Quadrat zu bestimmen, muss man also den Term $(10 \cdot x + 5)^2$ ausrechnen.
$(10 \cdot x + 5)^2 = 100x^2 + 100x + 25 = 100 \cdot x(x+1) + 25 = 10x \cdot 10(x+1) + 25$

Seite 22

13 a) Beispiele: $7^2 - 6^2 = 49 - 36 = 13 = 7 + 6$
$5^2 - 4^2 = 25 - 16 = 9 = 5 + 4$
b) Das große Quadrat hat den Flächeninhalt $(x + 1)^2$, das kleine x^2. Wenn man nun das kleine Quadrat vom großen subtrahiert, bleiben als Restflächen zwei Rechtecke mit Flächeninhalt $x \cdot 1$ und ein kleines Quadrat mit dem Flächeninhalt 1. Insgesamt bleibt als Rest also $2x + 1$. Formt man diesen Term um, so erhält man $2x + 1 = x + (x + 1)$, also die Summe der aufeinanderfolgenden Zahlen.
c) Allgemein gilt: $(x + 1)^2 - x^2 = x^2 + 2x + 1 - x^2 = 2x + 1 = x + (x + 1)$.

14 a) $81 - z^2$
b) $u^2 - 4uw + w^2$
c) $x^2 - 1$
d) $a^2 - 16$
e) $25x^2 + 10xy + y^2$
f) $400b^2 - 400ab + 100a^2$
g) $1{,}44 - 0{,}25a^2$
h) $y^2 - xy + \frac{1}{4}x^2$
i) $\frac{1}{9}x^2 - \frac{1}{2}xy + \frac{9}{16}y^2$

15 a) $(x + 6)^2 = x^2 + 12x + 36$
b) $(a - 3)^2 = a^2 - 6a + 9$
c) $(6m + 5)^2 = 36m^2 + 60m + 25$
d) $(20r + 0{,}5s)^2 = 400r^2 + 20rs + 0{,}25s^2$
e) $\left(2g - \frac{1}{2}h\right)^2 = 4g^2 - 2gh + \frac{1}{4}h^2$
f) $(0{,}5v + w)^2 = 0{,}25v^2 + vw + w^2$
g) $\left(\frac{1}{2}c - \frac{1}{3}d\right)^2 = \frac{1}{4}c^2 - \frac{1}{3}cd + \frac{1}{9}d^2$

16 a) $6^2 - 5^2 = (6 + 5)(6 - 5) = 11 \cdot 1 = 11$
$56^2 - 55^2 = (56 + 55)(56 - 55) = 111 \cdot 1 = 111$
$556^2 - 555^2 = (556 + 555)(556 - 555) = 1111 \cdot 1 = 1111$
$5556^2 - 5555^2 = (5556 + 5555)(5556 - 5555) = 11111 \cdot 1 = 11111$
$7^2 - 4^2 = (7 + 4)(7 - 4) = 11 \cdot 3 = 33$
$57^2 - 54^2 = (57 + 54)(57 - 54) = 111 \cdot 3 = 333$
$557^2 - 554^2 = (557 + 554)(557 - 554) = 1111 \cdot 3 = 3333$
…

b) Um als Ergebnisse 55, 555, 5555, … zu erhalten, muss die Differenz der „Startzahlen" 5, und ihre Summe muss 11 ergeben, also z. B. 8 und 3.
$8^2 - 3^2 = (8 + 3)(8 - 3) = 11 \cdot 5 = 55$
$58^2 - 53^2 = (58 + 53)(58 - 53) = 111 \cdot 5 = 555$
$558^2 - 553^2 = (558 + 553)(558 - 553) = 1111 \cdot 5 = 5555$
…

Um als Ergebnisse 77, 777, 7777, … zu erhalten, muss die Differenz der „Startzahlen" 7, und ihre Summe muss 11 ergeben, also z. B. 9 und 2.
$9^2 - 2^2 = (9 + 2)(9 - 2) = 11 \cdot 7 = 77$
$59^2 - 52^2 = (59 + 52)(59 - 52) = 111 \cdot 7 = 777$
$559^2 - 552^2 = (559 + 552)(559 - 552) = 1111 \cdot 7 = 7777$
…

17 a) $96^2 = 9216$
$91^2 = 8281$
$88^2 = 7744$
$82^2 = 6724$
$77^2 = 5929$

b) x ist die Zahl, die quadriert werden soll. Der Term, der die Gesetzmäßigkeit beschreibt, lautet:
$(x - (100 - x)) \cdot 100 + (100 - x)^2 = (2x - 100) \cdot 100 + 10\,000 - 200x + x^2 = 200x - 10\,000 + 10\,000 - 200x + x^2 = x^2$, also das Quadrat der vorgegebenen Zahl.

18 Das Ergebnis ist immer 20. Begründung durch Umformung; dabei gilt: b = a + 1; c = a + 2; ...:
$4(a^2 + (a+1)^2 + (a+2)^2 + (a+3)^2) - (a + (a+1) + (a+2) + (a+3))^2 = 4(a^2 + a^2 + 2a + 1 + a^2 + 4a + 4 + a^2 + 6a + 9) - (4a+6)^2 = 4(4a^2 + 12a + 14) - (16a^2 + 48a + 36) = 16a^2 + 48a + 56 - 16a^2 - 48a - 36 = 20$

Babylonische Multiplikation

- $18 \cdot 22 = 396$; $33 \cdot 27 = 891$; $46 \cdot 34 = 1564$; $51 \cdot 49 = 2499$; $62 \cdot 38 = 2356$; $102 \cdot 98 = 9996$; $106 \cdot 94 = 9964$.
- $((x+y)^2 - (x-y)^2) : 4 = (x^2 + 2xy + y^2 - (x^2 - 2xy + y^2)) : 4 = (x^2 + 2xy + y^2 - x^2 + 2xy - y^2) : 4 = 4xy : 4 = xy$.
- Das große Quadrat hat einen Flächeninhalt von $(x+y)^2$, das kleine hat einen Flächeninhalt von $(x-y)^2$. Subtrahiert man vom großen Quadrat das kleine, bleiben vier gleich große Rechtecke mit dem Gesamtflächeninhalt $4xy$ übrig. Dividiert man diesen Flächeninhalt noch durch 4, so erhält man den Flächeninhalt eines Rechtecks, also das Produkt $x \cdot y$.

4 Faktorisieren mit binomischen Formeln

Seite 23

Einstiegsaufgabe
→ $n^2 + 2n + 1 = (n+1)^2$
$n^2 + 4n + 4 = (n+2)^2$
$n^2 + 6n + 9 = (n+3)^2$
→ Man benötigt genügend gelbe Quadrate. Ihre Anzahl berechnet sich aus der Anzahl der verwendeten Rechtecke. Diese muss halbiert und dann quadriert werden.

Seite 24

Randspalte
$n^2 - 1 = (n+1)(n-1)$
$n^2 - 4 = (n+2)(n-2)$
$n^2 - 9 = (n+3)(n-3)$
$n^2 - 16 = (n+4)(n-4)$
...
$4n^2 - 100 = (2n+10)(2n-10)$
$4n^2 - 121 = (2n+11)(2n-11)$
$4n^2 - 144 = (2n+12)(2n-12)$
...
$9n^2 - 225 = (3n+15)(3n-15)$
$9n^2 - 256 = (3n+16)(3n-16)$
$9n^2 - 289 = (3n+17)(3n-17)$
...

1

x	$x^2 - 9$	$x^2 + 9$	$(x-3)^2$	$x^2 + 3$	$(x+3)(x-3)$
-2	-5	13	25	7	-5
-1	-8	10	16	4	-8
0	-9	9	9	3	-9
2	-5	13	1	7	-5
3	0	18	0	12	0

2 a) $(x+y)^2$ b) $(v-w)^2$
c) $(x+3)^2$ d) $(x+4)^2$
e) $(x-9)^2$ f) $(x-12)^2$

3 a) $(x+y)(x-y)$ b) $(t+u)(t-u)$
c) $(b+4)(b-4)$ d) $(6+y)(6-y)$
e) $(9+2z)(9-2z)$ f) $(20+3x)(20-3x)$

4 a) $121m^2 - 25 = (11m-5)(11m+5)$
b) $81 - 144p^2 = (9-12p)(9+12p)$
c) $49 - 169z^2 = (7-13z)(7+13z)$
d) $144 - 0{,}25t^2 = (12+0{,}5t)(12-0{,}5t)$
e) $9x^2 - \frac{1}{4}z^2 = (3x - \frac{1}{2}z)(3x + \frac{1}{2}z)$

5 a) $a^2 - 14a + 49 = (a-7)^2$
b) $m^2 - 18m + 81 = (m-9)^2$
c) $121 - 22w + w^2 = (11-w)^2$
d) $x^2 + 2xy + y^2 = (x+y)^2$
e) $x^2 - 10xy + 25y^2 = (x-5y)^2$
f) $s^2 + 24s + 144 = (s+12)^2$

6 A: keine Zerlegung möglich (Für die dritte binomische Formel müsste es z. B. $-4t^2$ heißen.)
B: keine Zerlegung möglich (Für die zweite binomische Formel müsste es z. B. $r^2 + 18r + 81$ heißen.)
C: $1{,}44m^2 - n^2 = (1{,}2m + n)(1{,}2m - n)$
D: keine Zerlegung möglich (Für die dritte binomische Formel müsste es z. B. $-225q^2$ heißen.)
E: keine Zerlegung möglich (Für die erste binomische Formel müsste es z. B. $+32mn$ heißen.)
F: $-60ab + 25b^2 + 36a^2 = (5b - 6a)^2$
G: keine Zerlegung möglich (Für die dritte binomische Formel müsste es z. B. $0{,}04s^2$ heißen.)
H: $-y^2 + 14y - 49 = -(y-7)^2$
I: keine Zerlegung möglich (Für die erste binomische Formel müsste es z. B. $+9$ heißen.)
J: keine Zerlegung möglich (Für die erste binomische Formel müsste es z. B. $4x^2$ heißen.)
K: keine Zerlegung möglich (Für die erste binomische Formel müsste es z. B. $72xy$ heißen.)
L: $900a^2 - 600ab + 100b^2 = (30a - 10b)^2$

7 a) a = 5 oder a = -5 b) a = 11 oder a = -11
c) a = -4 d) a = -1
e) a = 10 f) $a = \frac{1}{2}$ oder $a = -\frac{1}{2}$
g) a = 17 h) a = -1,6

8 a) $(6r-4s)^2$ b) $(q+2z)^2$
c) $(3a-14)^2$ d) $(13+2x)^2$
e) $(x-9)^2$ f) $(a+0,5)^2$

9 a) $25m^2 + 10mn + n^2 = (5m+n)^2$
b) $36a^2 - 12a + 1 = (6a-1)^2$
c) $64t^2 + 144t + 81 = (8t+9)^2$
d) $4a^2 - 4ab + b^2 = (2a-b)^2$
e) $4c^2 - 68c + 289 = (2c-17)^2$
f) $z^2 - 18z + 81 = (z-9)^2$
g) $0,04a^2 - 0,12ab + 0,09b^2 = (0,2a - 0,3b)^2$

10 a) $(2a-3b)^2$ b) $(m+13)^2$
c) $(3b-5c)^2$ d) $(a+1)^2$
e) $(4s-7r)^2$ f) $(1+2z)(1-2z)$
g) $(1-1,4x^2)^2$ h) $(25-14a)(25+14a)$
i) $-(4z-5y)^2$
j) $(0,7a-0,1b)(0,7a+0,1b)$

11 a) $(5y-3x)(5y+3x)$ b) $(11-9g)(11+9g)$
c) $(13a-12b)(13a+12b)$ d) $(1-x)(1+x)$
e) $(20p-1)(20p+1)$ f) $(10m-n)(10m+n)$

Seite 25

12 a) $(x+18)^2$, $(2x+9)^2$, $(3x+6)^2$
b) $(x+25)^2$, $(5x+5)^2$, $(25x+1)^2$
c) $(a+3b)^2$, $(3a+b)^2$, $(ab+3)^2$
d) $(a+b)^2$, $\left(\frac{1}{2}b+2a\right)^2$, $(1+ab)^2$
e) $\left(\frac{1}{2}a+b\right)^2$, $\left(\frac{1}{4}a+2b\right)^2$, $\left(ab+\frac{1}{2}\right)^2$
f) $(1,5x^2+y)^2$, $(x^2+1,5y)^2$, $\left(6x^2y+\frac{1}{4}\right)^2$

13 a) $3(5a-6b)(5a+6b)$
b) $7(2v-4w)(2v+4w)$
c) $a(x+3y)^2$ d) $2a(2x-5y)(2x+5y)$
e) $3(3x+y)^2$ f) $0,5(x+6)^2$
g) $2a(x+3y)^2$ h) $\frac{1}{2}(x+4)^2$ i) $\frac{1}{5}(x+2y)^2$

14 a) $ab(a-b)(a+b)$ b) $2(2a+b)^2$
c) $-3(x-y)^2$ d) $c(a+b)^2$
e) $2a(a+1)^2$ f) $2(5m-2n)^2$
g) $x(2x+1)^2$ h) $3c(2c-3d)^2$

15 $5 \cdot 15 + 25 = 100 = 10^2$
$6 \cdot 16 + 25 = 121 = 11^2$
$7 \cdot 17 + 25 = 144 = 12^2$
$8 \cdot 18 + 25 = 169 = 13^2$
...
Erklärung: $x(x+10) + 25 = (x+5)^2$

16 a) $n^5 - n = n(n^4 - 1) = n(n^2+1)(n^2-1)$
$= n(n^2+1)(n+1)(n-1)$
b) $n^9 - n = n(n^8 - 1) = n(n^4-1)(n^4+1)$
$= n(n^4+1)(n^2+1)(n+1)(n-1)$
c) $n^{17} - n = n(n^{16} - 1) = n(n^8-1)(n^8+1)$
$= n(n^8+1)(n^4+1)(n^2+1)(n+1)(n-1)$

17 individuelle Lösungen
Beispiele: $4x^2 + 16xy + 16y^2 = (2x+4y)^2$,
$25x^2 + 40xy + 16y^2 = (5x+4y)^2$

Die quadratische Ergänzung

- $x^2 + 8x + 16 = (x+4)^2$
$x^2 + 10x + 25 = (x+5)^2$
$x^2 - 2x + 1 = (x-1)^2$
$x^2 - 6xy + 9y^2 = (x-3y)^2$
$n^2 - n + \frac{1}{4} = \left(n-\frac{1}{2}\right)^2$
$4n^2 + 2nm + \frac{1}{4}m^2 = \left(2n + \frac{1}{2}m\right)^2$
$4n^2 + 32nm + 64m^2 = (2n+8m)^2$
$16m^2 - 72mn + 81n^2 = (4m-9n)^2$
$n^2 - 15nm + 56,25m^2 = (n-7,5m)^2$
$121n^2 + 66nm + 9m^2 = (11n+3m)^2$
$36n^2 - 12n + 1 = (6n-1)^2$
$4a^2b^2 - 2ab + 0,25 = (2ab-0,5)^2$
- $4a^2 + 12ab + 9b^2$, $4 + 12ab + 9a^2b^2$
$\frac{1}{4}r^2 + rs + s^2$, $\frac{1}{16}r^2s^2 + rs + 4$
$9x^2 - 18xy + 9y^2$, $x^2 - 18xy + 81y^2$
$m^2 - 2mn + n^2$, $1 - 2mn + m^2n^2$
$0,04a^2 - 0,4ab + b^2$, $a^2b^2 - 0,4ab + 0,04$
$\frac{1}{4}a^2 - a + 1$, $\frac{1}{16}a^2 - a + 4$

Üben • Anwenden • Nachdenken

Seite 27

1 a) In den Zeilen und Spalten stehen die Turnierteilnehmer. In die Tabelle wird einer der Werte 0, $\frac{1}{2}$ oder 1 je nach Ausgang des Spiels eingetragen. 0 bedeutet, dass der Spieler verloren hat, $\frac{1}{2}$ bedeutet einen unentschiedenen Ausgang (sog. Remis) und 1 bedeutet, dass der Spieler den anderen geschlagen hat. Beispiel: Jens hat gegen Marina verloren (0), gleichzeitig wird in der Tabelle eingetragen, dass Marina gegen Jens gewonnen hat (1). Daher entsprechen sich die an der Diagonalen gespiegelten Werte: Aus einer 1 wird eine 0 und umgekehrt, die $\frac{1}{2}$ wird an beiden Stellen eingetragen. In der Diagonalen selbst sind keine Werte eingetragen, weil man nicht gegen sich selbst spielt.
Es fanden 10 Partien statt.
b) Siegerliste: Marina hat dreimal gewonnen, einmal Remis gespielt, Jens hat zweimal gewonnen, einmal verloren und einmal Remis gespielt, Lara hat zweimal gewonnen und zweimal verloren, Saskia hat einmal gewonnen, zweimal verloren und ein Remis gespielt und Fabian hat dreimal verloren und

ein Remis erzielt. Die Rangliste lautet also: Marina, Jens, Lara, Saskia, Fabian.
c) Bei 9 Teilnehmern sind 36 Spiele zu organisieren.
d) n Teilnehmer bedeuten $\frac{n(n-1)}{2}$ Spiele.

2 a) $(2n+1)n = 2n^2 + n$ b) $2n(n+1) = 2n^2 + 2n$
c) $(3n+2)2n = 6n^2 + 4n$
d) individuelle Lösungen

3 a) $3n(2n+1)$ b) $4n(1+2n)$

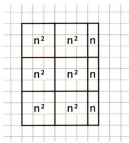
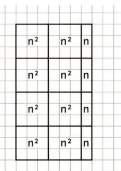

c) $(n+1)^2$ d) $(n+3)^2$

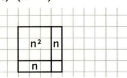
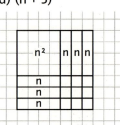

e) $(n+1)(n+2)$ f) $(n+3)(n+4)$

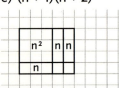
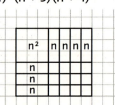

g) $2(n+1)(n+2)$ h) $(2n+1)(2n+2)$

4 a) Die neue rechteckige Fläche ist (in m²)
$(x+4)(x+6) = x^2 + 10x + 24$ groß.
b) Nein, das ist ein schlechter Tausch. Die neue Fläche hat einen Inhalt von $(x-3)(x+3) = x^2 - 9$, ist also 9 m² kleiner als die alte.

5 a) $132y - 67x$ b) $75ac - 62ad + 11cd$
c) $2a^2 - 10a - 4$ d) $12x + 11y + 6$
e) $30x^2 - 30xy - 16y^2$

6 a) $36ac - 27ad - 28bc + 21bd$
b) $-5x^2 - 4xz + 12yz + 15xy$
c) $21x^2 - 7xy + 9y - 27x$
d) $5b^2 - 10ab + 2a - b$
e) $-a^3 - 5a^2 + 3ab + 15b$
f) $x^2y + xy^2 - x - y$
g) $vs + vt + ws + wt$
h) $2x^2z^2 + y^2z^2 + 12x^2 + 6y^2$

Randspalte
$(x+1)(y+1) = xy + x + y + 1$
$(x+1)(x-2) = x^2 - x - 2$
$(x+1)(x-y) = x^2 - xy + x - y$
$(x-1)(y+1) = xy + x - y - 1$
$(x-1)(x-2) = x^2 - 3x + 2$
$(x-1)(x-y) = x^2 - xy - x + y$
$(y+2)(y+1) = y^2 + 3y + 2$
$(y+2)(x-2) = xy - 2y + 2x - 4$
$(y+2)(x-y) = xy - y^2 + 2x - 2y$
$(2x+1)(y+1) = 2xy + 2x + y + 1$
$(2x+1)(x-2) = 2x^2 - 3x - 2$
$(2x+1)(x-y) = 2x^2 - 2xy + x - y$
$(3x-2y)(y+1) = 3xy + 3x - 2y^2 - 2y$
$(3x-2y)(x-2) = 3x^2 - 6x - 2xy + 4y$
$(3x-2y)(x-y) = 3x^2 - 5xy + 2y^2$
$(-x+y)(y+1) = -xy - x + 4y + 4$
$(-x+4)(x-2) = -x^2 + 6x - 8$
$(-x+4)(x-y) = -x^2 + xy + 4x - 4y$
$(-x-2)(y+1) = -xy - x - 2y - 2$
$(-x-2)(x-2) = -x^2 + 4$
$(-x-2)(x-y) = -x^2 + xy - 2x + 2y$
$(-y-x)(y+1) = -y^2 - y - xy - x$
$(-y-x)(x-2) = -xy + 2y - x^2 + 2x$
$(-y-x)(x-y) = -x^2 + y^2$

7 a) $12x^2 + 35x + 18$
b) $5a^2 + 13ab - 6b^2$
c) $15u^2 + 27uv - 54v^2$
d) $24y^2 - 51xy + 6x^2$
e) $5a^2 - 22ab - 15b^2$
f) $98x^4 - 18y^4$
g) $-15ab + 30ad + 12bc - 24cd$

8 a) $45x + 32y$
b) $-20ab - 4a^2 + 60a^2b$
c) $46r^2s + 216rs^2$
d) $44x - 3y$
e) $-380x^2y + 200xy$

Seite 28

9 a) $(a-x) \cdot (a-y);\ 5439\,m^2$
b) $(a-y) \cdot (b-x);\ 2257\,m^2$

10 a) $y^2 - 8y - 20$
b) $x^2 + 2,5x - 6$
c) $30u^2 + 94uv - 20v^2$
d) $42u^2 - 132uv + 96v^2$

11 a) $10a + 3a^2 + 20b + 6ab + 40c + 12ac$
b) $36a - 18z + 6ab - 3bz + 72a^2 - 36az$
c) $40m^2 + 24mn - 32n + 2n^2 - 16n$
d) $6x^2 + 17xy + 18x + 12y^2 + 24y + 10xz + 15yz + 30z$
e) $20r^2 + 48rs - 5rt + 16s^2 - 2st + 40r + 80s - 10t$

12 a) $40x + 6xy + 7y + 35$
b) $65a + 56b + 39$
c) $18ab + 27a + 12b + 18$
d) $40mn + 50m + 29n + 10$
e) $32 - 4g^2 + 2h^2$

13 a) $2x^2 + 23x + 35$
b) $2a^2 - 7a - 40$
c) $3x^2 + 12x - 4xy - 10y + y^2$
d) $61{,}3rs - 36s^2 - 23{,}4r^2$
e) $15{,}84a^2 - 0{,}75ab - 3{,}36b^2$

14 a) $(x - z) \cdot (y - z)$
b) $(x - z - 2a) \cdot (y - z - 2a)$
$= (x - (z + 2a)) \cdot (y - (z + 2a))$

15 $(a + x) \cdot (b + x)$

16 a) $(a + 2) \cdot (b + 3)$ b) $(3 + y) \cdot (x + 5)$
c) $(5 - a) \cdot (m - n)$ d) $(3 + x)(a - b)$
e) $(x + 4)(x + 5)$

17 Die Zeichnung veranschaulicht die zweite binomische Formel: $(a - b)^2 = a^2 - 2ab + b^2$.
Wenn man von dem großen Quadrat (a^2) die beiden Rechtecke (mit je ab) subtrahiert, hat man das kleinste Quadrat (b^2) zweimal subtrahiert. Addiert man es wieder einmal dazu, erhält man die Fläche des mittleren Quadrats (($a - b)^2$).

18 a) $16a^2 - 24ab + 9b^2$
b) $9a^2 - 6ab + b^2$
c) $25x^2 + 40xy + 16y^2$
d) $256 - 384s + 144s^2$
e) $20{,}25m^2 - 31{,}5mn + 12{,}25n^2$
f) $\frac{9}{25}x^2 + \frac{2}{5}xy + \frac{1}{9}y^2$

19 a) $29x^2 + 52y^2$
b) $29a^2 - a + 4b - 30ab + 8b^2$
c) $24x - 14y + 200x^2 + 250xy$
d) $-92a^2 - 356b^2 + 360ab$
e) $-2z(89x^2 + 48xy - 7y^2)$

20
```
              a² + 2ab + b²
                    +
              4ab    6bx
                +      +
4x² - 8bx + 4b²    9x² - 12xy + 4y²
      +                    +
      4x                  6ay
      +                    +
1 - 10y + 25y²    4x² - 6ax + 2,25a²
              +      +
              5y    4xy
                +      +
              0,25 - y + y²
```

Seite 29

21
a) $51^2 = 2601$ b) $39^2 = 1521$ c) $98^2 = 9604$
$81^2 = 6561$ $59^2 = 3481$ $87^2 = 7569$
$101^2 = 10201$ $99^2 = 9801$ $205^2 = 42025$

22 a) $5x^2 + 12x + 10$ b) $5x^2 - 12x + 10$

23 a) 16   b) 36   c) 25   d) -1
e) 184   f) $\frac{1}{25} = 0{,}04$ g) $\frac{1}{4}b^2$ h) 300
i) $\frac{1}{4}$ j) x^2

24 a) $(11 + 5b)(11 - 5b)$
b) $(y + 1)(y + 1) = (y + 1)^2$
c) $(5m + n)(5m + n) = (5m + n)^2$
d) $(6a - 1)^2$
e) $(12y + 9x)^2$
f) $\left(1 + \frac{1}{2}a\right)\left(1 - \frac{1}{2}a\right)$
g) $(x^2 + 16)(x + 4)(x - 4)$
h) $\left(2a - \frac{1}{2}b\right)^2$
i) $2(5m - n)^2$
j) $(2{,}5a + 1{,}9b)(2{,}5a - 1{,}9b)$
k) $7(2x + y)^2$
l) $7(a + b)(a - b)$

25 a) $(2a^2 + 3)^2 = 4a^4 + 12a^2 + 9$
b) $(5u - 3v)(5u + 3v) = 25u^2 - 9v^2$
c) $\frac{1}{16}u^2 - \frac{1}{4}uv + \frac{1}{4}v^2 = \left(\frac{1}{4}u - \frac{1}{2}v\right)^2$
d) $(a + 0{,}2)^2 - a^2 = 0{,}4a + 0{,}04$
e) $\frac{25}{64} + \frac{5}{4}x + x^2 = \left(\frac{5}{8} + x\right)^2$

Taxigeometerie

- Am Rand des Dreiecks stehen immer Einsen, ansonsten steht die Summe zweier benachbarter Zahlen unter diesen.
Nächste Zeile: 1; 6; 15; 20; 15; 6; 1.
- $(a + b)^1 = a + b$
$(a + b)^2 = a^2 + 2ab + b^2$
$(a + b)^3 = a^3 + 3a^2b + 3ab^2 + b^3$
$(a + b)^4 = a^4 + 4a^3b + 6a^2b^2 + 4ab^3 + b^4$
$(a + b)^5 = a^5 + 5a^4b + 10a^3b^2 + 10a^2b^3 + 5ab^4 + b^5$

Die Vorfaktoren der Summanden sind die Zahlen in den entsprechenden Zeilen des pascalschen Dreiecks.

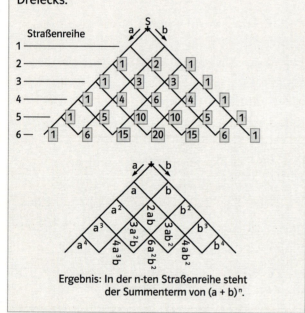

Ergebnis: In der n-ten Straßenreihe steht der Summenterm von $(a + b)^n$.

Seite 30

26 a) $(x + y)^3 = x^3 + 3x^2y + 3xy^2 + y^3$
$(x + 1)^3 = x^3 + 3x^2 + 3x + 1$
$(y - 1)^3 = y^3 - 3y^2 + 3y - 1$
$(2a + 3b)^3 = 8a^3 + 36a^2b + 54ab^2 + 27b^3$
b) 1 Teil mit $V = a^3$
1 Teil mit $V = b^3$
3 Teile mit $V = 3 \cdot a^2b$
3 Teile mit $V = 3 \cdot ab^2$

27 a) $(15x \cdot 25y) : 5 = 3x \cdot 25y = 75xy$
b) $3x - 2(x + 2)^2 = 3x - 2(x^2 + 4x + 4)$
$= 3x - 2x^2 - 8x - 8$

28 a) $(x + 4)(x - 4) = x^2 - 16$
$(x + 3)(x - 3) = x^2 - 9$
$(x + 2)(x - 2) = x^2 - 4$
$(x + 1)(x - 1) = x^2 - 1$
$x \cdot x = x^2$
$(x - 1)(x + 1) = x^2 - 1$
$(x - 2)(x + 2) = x^2 - 4$
$(x - 3)(x + 3) = x^2 - 9$

b) Das Rechteck mit der Länge und Breite von jeweils x hat den größten Flächeninhalt von x^2. Alle Rechtecke haben den gleichen Umfang von $4x$.
c) Der Umfang bleibt gleich und der Flächeninhalt wird größer. Die rechten unteren Eckpunkte liegen alle auf einer Geraden.

29 Für alle Zahlen von 1 bis 6 ist der Wert = 0.

30 Seien x und $x + 2$ die Zahlen mit der Differenz 2.
$(x + 2)^2 - x^2 = x^2 + 4x + 4 - x^2 = 4x + 4 = 4 \cdot (x + 1)$
Das ist das Vierfache der dazwischen liegenden Zahl.

31 Der Faktor $(x - x)$ ergibt 0. Die Division mit 0 ist nicht definiert.
Sarah hat in ihrer Rechnung bei der Division mit $(x - x)$ darauf nicht geachtet.

32 a) individuelle Lösungen
b) Sei $10x + y$ eine zweistellige Zahl. Durch Vertauschung der Ziffern lautet der Term für die zweite Zahl $10y + x$.
Summe:
$(10x + y) + (10y + x) = 11x + 11y = 11(x + y)$
Offensichtlich ist die Summe durch 11 teilbar.

Bist du ein Sonntagskind?

- individuelle Lösungen

2 Gleichungen und Ungleichungen

Auftaktseite: Auf den zweiten Blick

Seiten 32 und 33

Geht alles immer?
„w" bedeutet wahr, „f" bedeutet falsch.
Wenn die Aussage wahr ist, wird sie aufgefangen.
Wenn die Aussage falsch ist, wird sie weggeworfen.
Die Aussage „... wiegt höchstens 1 kg" für Fahrrad ist nicht wahr.
- Die Aussage, dass das Doppelte von der Summe „x + 8" kleiner als 30 ist.
- Ja. Diese Aussage kann für mehrere Werte von x wahr sein.
- Nein. Für x = 7 und 9 ist die Aussage nicht wahr.
- individuelle Lösungen

Mit Bäumen rechnen
Bianca: h = 7,50 m bzw. h = 11,25 m
Anke: h = 13 m bzw. h = 19,5 m
Tim: h = 37 m bzw. h = 55,5 m

Sarah: $V = 8,78\,m^3$ bzw. $V = 7,84\,m^3$
David: $V = 20,26\,m^3$ bzw. $V = 13,69\,m^3$

$m = 0,24\,u^3$ $\quad$ $m = 0,6\,u^2$

$u_{freistehend}$ = 4,5 m $\quad$ $m_{freistehend}$ = 21,87 t bzw. 12,15 t
$u_{im\ Bestand}$ = 3 m $\quad$ $m_{im\ Bestand}$ = 6,48 t bzw. 5,4 t

Individuelle Lösungen beim Alter

1000-jährige Bäume müssten einen Umfang von 25 m haben.

1 Gleichungen mit Klammern

Seite 34

Einstiegsaufgabe
→ Grundstück 42.1: x^2
Grundstück 42.2: $(x + 8)(x - 6)$
Da die Flächeninhalte gleich sind, gilt:
$x^2 = (x + 8)(x - 6)$. Daraus folgt x = 24.
Damit hat das Grundstück 42.1 die Maße 24 m × 24 m,
das Grundstück 42.2 die Maße 32 m × 18 m.

Seite 35

1 a) x = 1 $\quad$ b) x = 1 $\quad$ c) x = 1
d) x = 4

2 a) x = 6 $\quad$ b) x = −2 $\quad$ c) y = 9 $\quad$ d) y = −2

3 $3(2x − 4) = 2(3 + 4x)$; x = −9
a) mögliche Lösungen:
$2(3x − 4) = 3(3x + 4)$; $x = -\frac{20}{3}$
$4(2x − 3) = 3(2x + 4)$; x = 12
$3(2x + 4) = 2(3 − 4x)$; $x = -\frac{3}{7}$
$2(3x + 4) = 2(3 − 4x)$; $x = -\frac{1}{7}$
$4(3x − 2) = 2(3 + 4x)$; $x = \frac{7}{2}$
b) individuelle Lösungen

4 a) n = −2 $\quad$ b) n = −1 $\quad$ c) n = 12
d) n = 3 $\quad$ e) $n = \frac{3}{2}$

5 a) $((x \cdot 5 + 3) \cdot 2) − 12 = 4x$; x = 1
b) $((3x + 4) \cdot 2 + 4) : 3 = 4x$; x = 2
Setzt man die Klammern anders oder lässt sie ganz weg, erhält man andere Ergebnisse.

6 a) m = 1 $\quad$ b) m = 27 $\quad$ c) n = 4
d) n = −7 $\quad$ e) m = 28 $\quad$ f) n = −1

Seite 36

7 a) $x^2 = (x + 2)(x − 1)$; x = 2
b) $x^2 = (x + 6)(x − 3)$; x = 6

8 a) $9(x + 4) = 15x$; x = 6
b) $6x = (x − 7) \cdot 9$; x = 21
c) $x(x + 2) = (x + 8)(x + 2 − 5)$; x = 8

9 a) x = −3 $\quad$ b) x = 2 $\quad$ c) x = −1
d) x = 0

10 a) x = 8 $\quad$ b) x = 9 $\quad$ c) x = 6

11 a) x = −2; x = −3; x = −4; x = −5
b) Die Lösung ist die Gegenzahl des Mittelwerts der beiden Zahlen, die jeweils zu x addiert werden.
x = −46

12 a) keine Lösung
b) unendlich viele Lösungen
c) keine Lösung
d) x = 1

13 a) keine Lösung
b) unendlich viele Lösungen
c) unendlich viele Lösungen
d) keine Lösung

Aufgaben selbst erfinden

- Zwei Kaninchengehege haben die gleiche Größe. Eines hat eine quadratische Form, das andere ist rechteckig. Die Seitenlänge des quadratischen Geheges ist 2 m länger als die kürzere Seite des Rechtecks. Die längere Rechtecksseite ist 6 m länger als die kürzere.
Lösung für x = kürzere Rechtecksseite.
$x \cdot (6 + x) = (x + 2)^2$
$6x = 4x + 4$
$x = 2$
Das quadratische Gehege ist also 4 m × 4 m groß, das rechteckige hat die Maße 2 m und 8 m.
- individuelle Lösungen

Seite 37

14 Die erste Runde lief er in 2 min und 3,2 s.

15 Opa Erwin ist 60 Jahre, seine Enkelin ist 10 und sein Sohn 30 Jahre alt.

16 Basis = 0,55 m
Beide Schenkel jeweils = 1,1 m

17 Cora erhält 7 €.
Ana erhält 14 €.
Bert erhält 11 €.
Daniel erhält 5 €.

18 Hier gibt es zwei mögliche Lösungen.
1) Der Lottogewinn von 6248 Euro wird auf beide Familien gleichmäßig verteilt.
Dann erhält Familie Mainz und Familie Ebert jeweils 3124 €.
Die Einzelperson in der Familie Mainz erhält dann 1041,33 €.
Die Einzelperson in der Familie Ebert erhält dann 624,80 €.
2) Der Lottogewinn von 6248 € wird auf 8 Personen gleichmäßig verteilt. Dann erhält jede Person 781 €.
Familie Mainz erhält dann 2343 €.
Familie Ebert erhält dann 3905 €.
Wenn der Einsatz von 16,40 € für den Tippschein berücksichtigt wird, erhält Familie Mainz 37,5 % und Familie Ebert erhält 62,5 % vom Lottogewinn.

19 Die Anliegerkosten für das Grundstück mit der Größe 622 m² betragen 4198,91 €. Die Anliegerkosten für das Grundstück mit der Größe 826 m² betragen 5575,09 €.

20 a) 18 min   b) 23,7 min   c) 13,2 min

Lesen und lösen

- 26; 14
- 306; 307
- Lea ist 19 Jahre alt. Leas Mutter ist 46 Jahre alt.

2 Ungleichungen

Seite 38

Einstiegsaufgabe
→ individuelle Lösungen
→ Nein. Nachdem der Bus bezahlt worden ist, stehen noch 256 € in der Klassenkasse zur Verfügung. Er kann nur angeben, was pro Kopf höchstens ausgegeben werden kann, sodass die Ausgaben die Klassenkasse nicht überschreiten.
→ $\mathbb{L} = \{1; 2; 3; 4; 5; 6; 7; 8; 9\}$

Seite 39

1 a) gleiche Lösungsmengen
b) – f) unterschiedliche Lösungsmengen

2 a) $x > -1$ b) $x > -3$ c) $x \leq 7$
d) $x \geq -2$ e) $0 < x$ f) $x \leq -8$

Seite 40

3 Mögliche Lösungen:
a) $\mathbb{G} = \mathbb{N}$; $x > 0$; $0 < x$
b) $\mathbb{G} = \mathbb{Z}$; $x < -1$; $-1 > x$
c) $\mathbb{G} = \mathbb{Q}$; $x \leq -2$; $-2 \geq x$
d) $\mathbb{G} = \mathbb{Q}$; $x \leq 0$; $0 \geq x$
e) $\mathbb{G} = \mathbb{Q}$; $x \geq -\frac{3}{2}$; $-x \leq \frac{3}{2}$
f) $\mathbb{G} = \mathbb{Q}$; $x < -\frac{1}{3}$; $-x > \frac{1}{3}$

4

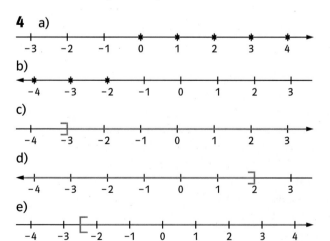

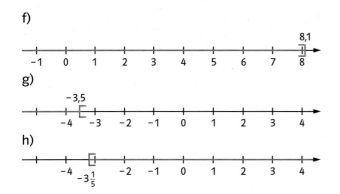

5 a) $\mathbb{G} = \mathbb{Q}$; $\mathbb{L} = \{x \mid x < -\frac{3}{5}\}$
b) $\mathbb{G} = \mathbb{Q}$; $\mathbb{L} = \{x \mid x > -\frac{7}{2}\}$
c) $\mathbb{G} = \mathbb{Q}$; $\mathbb{L} = \{x \mid x \geq -\frac{5}{2}\}$
d) $\mathbb{G} = \mathbb{Q}$; $\mathbb{L} = \{x \mid x \geq \frac{9,9}{3}\}$
e) $\mathbb{G} = \mathbb{Q}$; $\mathbb{L} = \{x \mid x > -14,4\}$
f) $\mathbb{G} = \mathbb{Q}$; $\mathbb{L} = \{x \mid x \leq 25,6\}$
g) $\mathbb{G} = \mathbb{Q}$; $\mathbb{L} = \{x \mid x < 2,5\}$
h) $\mathbb{G} = \mathbb{Q}$; $\mathbb{L} = \{x \mid x \geq -3,44\}$

6 a) $\mathbb{G} = \mathbb{Q}$; $\mathbb{L} = \{x \mid x < -3\}$
b) $\mathbb{G} = \mathbb{Q}$; $\mathbb{L} = \{x \mid x \leq -6\}$
c) $\mathbb{G} = \mathbb{Q}$; $\mathbb{L} = \{x \mid x > 3\}$
d) $\mathbb{G} = \mathbb{Q}$; $\mathbb{L} = \{x \mid x < 6\}$
e) $\mathbb{G} = \mathbb{Q}$; $\mathbb{L} = \{x \mid x \leq \frac{29}{3}\}$
f) $\mathbb{G} = \mathbb{Q}$; $\mathbb{L} = \{x \mid x \geq \frac{34}{9}\}$

7 $\mathbb{L} = \{21; 42; 63; 84\}$

8 a) $b > 12,5\,m$ b) $b > 11\,m$ c) $b > 15,\overline{3}$

9 Rechtecke mit einer Breite von mindestens 7,5 cm.

10 a) $\mathbb{G} = \mathbb{N}$; $\mathbb{L} = \{n + (n+1) + (n+2) \mid n < 81\}$
b) $\mathbb{L} = \{x \mid x > 17\}$

11 Das Kapital muss mehr als 38 888,89 € betragen.

12 Im Fahrstuhl können maximal noch 15,4 kg transportiert werden.

13 Die kleinere Seite kann höchstens 0,8 m lang sein. Dann ist die längere Seite 1,2 m lang. Der Flächeninhalt beträgt dann 0,96 m².

14 $x \in \mathbb{N}$; $21,5x < 385$
$\mathbb{L} = \{x \mid x \leq 17\}$

15 a) $x \cdot 8,50\,€ > 535\,€ + 55\,€ + x \cdot 1,20\,€$
$x > 80,8$
Tanja macht ab 81 verkauften CDs einen Gewinn.

b) Tanja muss mindestens 468 CDs verkaufen, um einen Gewinn von 4000 € zu erzielen.

16 Bis zu einem monatlichen Stromverbrauch von rund 109 kWh ist der Ökotarif der günstigere. Bei einem höheren Verbrauch ist der Normaltarif günstiger.

3 Formeln

Seite 41

Einstiegsaufgabe
y: °Fahrenheit, x: °Celsius

Seite 42

1 a) $a = \frac{A}{b}$
b) $b = \frac{A}{a}$; Werte sind zum Teil gerundet

A	80	80	80	90	90	90	100	100
a	16	18	11,4	15	11,25	25	29	3,03
b	5	4,4	7	6	8	3,6	3,4	33

2 a) $a = \frac{V}{bc}$; $b = \frac{V}{ac}$; $c = \frac{V}{ab}$
b) Werte sind zum Teil gerundet

V	80	90	100	120	140	170	241
a	16	15	8	0,5	8	6,6	17,1
b	2,5	3	5	7,5	6,25	5,6	14,1
c	2	2	2,5	32	2,8	4,6	1

c) Eva und Saskia

3 a)

V	60	120	150	225	280	400	1000
c	5	7,5	2,5	4,5	35	32	16
G	12	16	60	50	8	12,5	62,5

b) mögliche Lösungen zu $V = 60\,dm^3$; $c = 5\,dm$:
$a = 4\,dm$; $b = 3\,dm$ oder $a = 10\,dm$; $b = 1,2\,dm$
mögliche Lösungen zu $V = 1000\,dm^3$; $c = 16\,dm$:
$a = \frac{5}{2}\,dm$; $b = 25\,dm$ oder $a = 5\,dm$; $b = \frac{25}{2}\,dm$

4 a) $b = \frac{k}{4} - a - c$; $c = \frac{k}{4} - a - b$
b)

k	80	60	120	180	206	30	12	960
a	9	10	12	15	27,5	5,5	2	79
b	6	2	6	15	12	1	1	80
c	5	3	12	15	12	1	/	81

Die Angaben der vorletzten Spalte beschreiben keinen Quader!

Formeln falten

- Lösung über Messung
- $A_1 = a \cdot b - \frac{1}{2} \cdot b^2$
- $A_2 = a \cdot b - b^2$
- $A_3 = a \cdot b - \frac{3}{2} \cdot b^2$
- $A_4 = a \cdot b - 2b^2$
- $A_1 = 46\,cm^2$; $A_2 = 44\,cm^2$; $A_3 = 42\,cm^2$; $A_4 = 40\,cm^2$
- $A_1 = 132\,cm^2$; $A_2 = 114\,cm^2$; $A_3 = 96\,cm^2$; $A_4 = 78\,cm^2$
- $a = \frac{A_1 + \frac{b^2}{2}}{b}$; $a = \frac{A_2 + b^2}{b}$; $a = \frac{A_3 + \left(\frac{3b^2}{2}\right)}{b}$; $a = \frac{A_4 + 2b^2}{b}$
- Abbildung

Seite 43

Verhältnisse – Brüche – Produkte

- Die tatsächliche Weglänge von A nach B beträgt 0,412 km (3,3 cm auf der Karte).
- Kürzester Fußweg von C nach D: Richtung Osten am Hansaplatz vorbei bis zur gelben Straße. Dann nach links bis zum Standpunkt D. Dies entspricht ungefähr 9 cm. Die tatsächliche Länge ist somit ungefähr 1,13 km.
- 6 km Strecke entspricht 48 cm auf der Karte.
- individuelle Lösungen
- Das Gemisch enthält 60 % Wasser.
- Für eine 6-l-Füllung wird 3,6 l Wasser und 2,4 l Frostschutzmittel gemischt.
- Das Gemisch muss also noch für 5,5 l hergestellt werden. Dafür benötigt man 3,3 l Wasser und 2,2 l Frostschutzmittel.

	Mond	Mars	Venus	Saturn	Jupiter	Sonne
Weit (m)	1,49	3,44	8,14	8,39	37,59	225,54
Hoch (m)	0,41	0,94	2,23	2,3	10,29	61,74

Seite 44

5 a) $G = W : \frac{p}{100}$

b)

p%	5%	2%	2,5%	3%	2,15%
G	350,00 €	350,00 €	82,50 €	250 €	1000 €
W	17,50 €	7,00 €	2,06 €	7,50 €	21,50 €

p%	4,5%	2,2%	22%	36%	0,5%
G	3220,00 €	627,27 €	864,30 €	654,00 €	620,00 €
W	144,90 €	13,80 €	190,15 €	235,44 €	3,10 €

6 a) $s = v \cdot t$
Strecke = Geschwindigkeit · Zeit

b)

v in $\frac{km}{h}$	100	22	140	12	44	200	800	130
t in h	$1\frac{1}{2}$	3	$4\frac{1}{2}$	$7\frac{1}{2}$	$4\frac{1}{2}$	$1\frac{1}{2}$	$7\frac{1}{4}$	6
s in km	150	66	630	90	198	300	5800	780

v	320 $\frac{m}{min}$	1000 $\frac{m}{min}$	8 $\frac{m}{s}$	4 $\frac{km}{h}$	0,04 $\frac{km}{min}$	5,3 $\frac{m}{h}$
t	2 min 30 s	4 min	$12\frac{1}{2}$ s	$6\frac{1}{4}$ h	45 min	$1\frac{1}{2}$ h
s	800 m	4000 m	100 m	25 km	1,8 km	8 m

7 individuelle Lösungen

8 a) $\frac{5\,km}{16\,min} = \frac{5\,km}{\frac{16}{60}\,h} = 18{,}75\,km/h$

b) $v = \frac{5}{\frac{20}{60} - \frac{x}{60}} = \frac{300}{20 - x}$

c) mögliche Lösungen:

$x = 1$; $v \approx 15{,}8\,\frac{km}{h}$

$x = 2$; $v \approx 16{,}7\,\frac{km}{h}$

$x = 10$; $v \approx 30\,\frac{km}{h}$

Eine Verspätung von 10 Minuten ist nicht mehr aufzuholen.

9 a) 7 °C → 44,6 °F
8 °C → 46,4 °F
9 °C → 48,2 °F
10 °C → 50 °F

b) $x = \frac{5(y - 32)}{9}$
z. B. y = 10 °F; x = −12,2 °C
y = −10 °F; x = −23,3 °C
y = 60 °F; x = 15,6 °C

c) 0 °F → −17,8 °C
100 °F → 37,8 °C
−100 °F → −73,3 °C

Üben • Anwenden • Nachdenken

Seite 46

1 a) x = 6   b) x = −18
c) y = 54   d) y = −2

2 a) x = 8   b) x = 0
c) x = 10   d) n = 4
e) n = 3   f) n = 2

3 a) ☐ = 5   b) x = 3; ☐ = 8
                   x = 4; ☐ = 11
                   x = 5; ☐ = 14

Man setzt die Lösung für x ein und löst die Gleichung nach der Lücke/dem Platzhalter auf.

4 a) $\mathbb{G} = \mathbb{N}$; $\mathbb{L} = \{\ \}$
b) $\mathbb{G} = \mathbb{Z}$; $\mathbb{L} = \{-1\}$
c) $\mathbb{G} = \mathbb{Z}$; $\mathbb{L} = \{-1\}$
d) $\mathbb{G} = \mathbb{Q}$; keine Lösungen
e) $\mathbb{G} = \mathbb{Q}$; unendlich viele Lösungen
f) $\mathbb{G} = \mathbb{N}$; $\mathbb{L} = \{0\}$

5 $\mathbb{G} = \mathbb{Q}$ gilt immer.
a) $\mathbb{L} = \{-2\}$ b) $\mathbb{L} = \{-11\}$ c) $\mathbb{L} = \{-6\}$
d) $\mathbb{L} = \{\frac{1}{2}\}$ e) $\mathbb{L} = \{10\}$ f) $\mathbb{L} = \{-6\}$

6 Alle Terme sind gleichwertig.

7 a) $\mathbb{L} = \{e + 1\}$ b) $\mathbb{L} = \{-e\}$
c) $\mathbb{L} = \{7e\}$ d) $\mathbb{L} = \{-2e + 1\}$

8 a) $x = 8$ b) $x = 16$ c) $x = 81$ d) $x = -11$
e) $10x - 7x = 22 - 11$
$3x = 11$; $x = \frac{11}{3}$
f) $4x = 2x + 6$
$4x - 2x = 6$; $x = 3$

9 a) $U_{\text{grün}} = 2(3e + 1) + 2(2e + 1) = 10e + 4$
$U_{\text{blau}} = 2(4e - 2) + 2(4e + 4) = 16e + 4$
$A_{\text{grün}} = (3e + 1)(2e + 1) = 6e^2 + 5e + 1$
$A_{\text{blau}} = (4e - 2)(4e + 4) = 16e^2 + 8e - 8$
b) grün: $\frac{3e + 1}{2e + 1} = \frac{3}{4}$ oder $\frac{2e + 1}{3e + 1} = \frac{3}{4}$ und damit ergibt sich $e = -\frac{1}{6}$ oder $e = 1$.
blau: $\frac{4e - 2}{4e + 4} = \frac{3}{4}$ oder $\frac{4e + 4}{4e - 2} = \frac{3}{4}$ und damit ergibt sich $e = 5$ oder $e = -\frac{11}{2}$. Da man mit dem zweiten Wert jedoch eine negative Länge erhält, gibt es für die blaue Figur nur eine Lösung.

10 a) $\mathbb{L} = \{10\}$ b) $\mathbb{L} = \{-21\}$ c) $\mathbb{L} = \{3\}$
d) $\mathbb{L} = \{9\}$ e) $\mathbb{L} = \{-3\}$

11 a) $x = -\frac{5}{2}$ b) $y = -1$ c) $m = 8$
d) $u = -11$ e) $s = 6$

Seite 47

12 a) $\mathbb{G} = \mathbb{N}$; $\mathbb{L} = \{1\}$
b) $\mathbb{G} = \mathbb{N}$; $\mathbb{L} = \{6\}$
c) $\mathbb{G} = \mathbb{Z}$; $\mathbb{L} = \{-18\}$
d) $\mathbb{G} = \mathbb{Q}$; $\mathbb{L} = \{54\}$

13 individuelle Lösungen

14 a) $y = \frac{3}{5}$ b) $y = \frac{1}{8}$
c) $y = 2$ d) $y = \frac{1}{3}$
e) $y = -6\frac{2}{3}$ f) $y = \frac{2}{5}$

15 $(5x + 15) - (8x + 40) = x - 65$
$x = 10$

16 $51 - 12x = \frac{x}{3}$
$x = \frac{153}{37}$

17 $x - \left(\frac{x}{4} + \frac{x}{5}\right) = 22$
$x = 40$

18 a) $4 \cdot (x + 3) < 5 \cdot (x + 2)$
$x > 2$
b) $2 \cdot (x - 3) \leq 4x - 9$
$x \geq \frac{3}{2}$

19 $x - y = 12$; $x^2 - y^2 = 840$
$x = 41$; $y = 29$

20 a) $\left(x - \frac{1}{2}\right) \cdot \left(x + \frac{3}{4}\right) = x^2$
$x = \frac{3}{2}$
b) $x \cdot (x + 1) = x^2 - 10$
$x = -10$

21 $x + (x + 15) = 18$
$x = 1{,}5$
Bleistift = 1,50 €
Füllfederhalter = 16,50 €

22 $x + (x + 600) + (x + 1200) + (x + 1800) = 25\,000$
$x = 5350$
Kind 1 bekommt 5350 €.
Kind 2 bekommt 5950 €.
Kind 3 bekommt 6550 €.
Kind 4 bekommt 7150 €.

23 Thomas ist heute 19 Jahre alt.
Seine Mutter ist heute 46 Jahre alt.

24 Sei der ältere Bruder x Jahre alt.
$x + \frac{x}{2} + \left(\frac{x}{2} + 6\right) = 50$
$x = 22$
Die Tochter ist 17 Jahre alt.
Der jüngste Sohn ist 11 Jahre alt.
Der ältere Sohne ist 22 Jahre alt.

Seite 48

25 Breite: 6 cm
Länge: 14 cm

26 Kantenlänge des Würfels: 8 cm

27 Beide Pumpen brauchen 12 Minuten, wenn sie gleichzeitig arbeiten.

28 a) $\mathbb{G} = \mathbb{Z}$; $x \leq 1$
b) $\mathbb{G} = \mathbb{Q}$; $x < 1$
c) $\mathbb{G} = \mathbb{Q}$; $x > -\frac{4}{3}$

29 a) Zeiten: $1:12$; Geschwindigkeit $1:\frac{1}{12}$ oder $12:1$
b) $v_1 : v_2 = 125 : 75 = 5 : 3$
gesucht wird: $t_1 : t_2$
$t_1 = 2$; $t_2 = \frac{10}{3}$; $t_1 : t_2 = 2 : \frac{10}{3} = 6 : 10 = 3 : 5$
c) individuelle Lösungen, z. B.:
$s = 500\,\text{km}$; $t_1 = 4$; $t_2 = \frac{20}{3}$; $t_1 : t_2 = 3 : 5$
$s = 100\,\text{km}$; $t_1 = \frac{4}{5}$; $t_2 = \frac{4}{3}$; $t_1 : t_2 = 3 : 5$
Das Verhältnis $t_1 : t_2$ ist immer gleich.

30 a) $\mathbb{L} = \{x \mid x > -3\}$ b) $\mathbb{L} = \{x \mid x \geq \frac{1}{2}\}$
c) $\mathbb{L} = \{x \mid x > 3\}$ d) $\mathbb{L} = \{x \mid x \geq -1\}$

31 a) $\mathbb{L} = \{x \mid x > 16\}$
b) $\mathbb{L} = \{x \mid x \geq 4\}$
c) $\mathbb{L} = \{x \mid x > 4\}$
d) $\mathbb{L} = \{x \mid x \geq 4\}$
e) $\mathbb{L} = \{x \mid x > 0\}$

32 Er muss mindestens 885 Brezeln täglich verkauft haben, damit er mindestens 100 € Gewinn erzielt.

33 a) $\varrho = 1{,}603\,\text{g/cm}^3$
b) $m = \varrho \cdot V$; $V = \frac{m}{\varrho}$
c) $V = 50\,\text{m}^3$; $m = 983{,}75\,\text{g}$
d) $3\,\text{dm}^3$ und $15\,\text{dm}^3$
e) individuelle Lösungen

34 • v bleibt gleich
• v wird vervierfacht
• p wird geviertelt
• s wird vervierfacht
• G bleibt gleich
• p % wird halbiert
Individuelle Aufgaben und Lösungen.

3 Umfang und Flächeninhalt

Auftaktseite: Figuren und Flächen

Seite 50 und 51

Figuren legen
- Das Tangram besteht aus einem Quadrat, einem Parallelogramm und fünf gleichschenkligen Dreiecken, die einen rechten Winkel zwischen den zwei gleich langen Seiten besitzen. Davon gibt es zwei große, zwei kleine und ein mittleres Dreieck.
- Parallelogramm:
Vom gelegten Rechteck ausgehen. Großes rotes Dreieck wegnehmen und an der anderen Seite wieder anlegen.
Dreieck:
Vom gelegten Quadrat ausgehen. Das große blaue Dreieck wegnehmen und an die rechte Seite des Quadrats anlegen, das große rote Dreieck um 180° drehen und unten an das blaue anlegen.
- Trapez:
Vom gelegten Rechteck ausgehen. Großes rotes Dreieck wegnehmen und an der anderen Seite wieder anlegen, großes blaues Dreieck umdrehen und an die gleiche Seite wieder anlegen.

Wir nähern uns dem Kreis
Um den Durchmesser eines kreisrunden Gegenstandes zu ermitteln, legt man am besten einen Faden um den Gegenstand und misst seine Länge. Zur Durchmesserermittlung ist es wichtig, den Faden über den Mittelpunkt des Kreises zu legen.

Der Durchmesser kann etwas mehr als dreimal auf dem Umfang des Kreises abgetragen werden.

Man würde das Fahrrad mit dem größten Reifendurchmesser wählen.

Das Pulvermaar besitzt ca. 158 Kästchen auf der Quadratgittervorlage. Sein Durchmesser beträgt ca. 14 Kästchen. Diese Länge entspricht 700 m, also entspricht eine Kästchenlänge etwa 50 m und der Flächeninhalt eines Kästchens beträgt 2500 m². Demnach hat das Pulvermaar eine Fläche von ca. 395 000 m² bzw. rund 0,4 km².

Wir gehen davon aus, dass der Kreis den Radius r hat und berechnen die Flächen der umbeschriebenen und einbeschriebenen Vielecke.

Kreis und ...	Fläche um-beschrieben	Fläche ein-beschrieben	Fläche Kreis
Quadrat	$4r^2$	$2r^2$	$3,14r^2$
Sechseck	$3,46r^2$	$2,60r^2$	$3,14r^2$
Achteck	$3,31r^2$	$2,83r^2$	$3,14r^2$

Je größer die Eckenzahl wird, desto näher liegen die Werte der um- und die einbeschriebenen Flächen an dem Wert der Kreisfläche.

1 Quadrat und Rechteck

Seite 52

Einstiegsaufgabe
→ Tobias Schwester zählt die Steine in einer Reihe und dann die Anzahl der Reihen. Multipliziert man beide Ergebnisse, ergibt dies die Gesamtzahl der Steine. Die Anzahl der Steine muss man nun mit dem Flächeninhalt eines Steines multiplizieren, um den Flächeninhalt des rechteckigen Parkplatzes zu bestimmen.

Seite 53

1 Flächeninhalt mindestens: 4050 m²; höchstens: 10 800 m².
Umfang mindestens: 270 m; höchstens: 420 m.

2 a) 1,6 cm b) 23,9 m c) 1,8375 dm
d) 6 cm e) 9 dm f) 13 m

3

a	5 cm	30 cm	12,8 m	300,7 cm
b	8 cm	8,5 cm	6,5 m	41,3 cm
u	26 cm	77 cm	38,6 m	6,84 m
A	40,0 cm²	2,55 dm²	83,2 m²	1,24 m²

4 a) Küche: 21 m² Kind 1: 21,25 m²
Kind 2: 17 m² Wohnen: 28 m²
Bad: 10 m² Eltern: 16 m²
Flur: 20,25 m²
Gesamtfläche: 133,5 m²
b) Wohnzimmer: 21,1 m Kind 1: 18,4 m
Kind 2: 15,9 m gesamt: 55,4 m
c) Mietpreis je m² Wohnfläche: 4,49 €
d) Herr Christ muss neun Tapetenrollen kaufen.
e) Der Vermieter beteiligt sich mit 37,13 €.

5 a) A = 413 m² u = 88 m
b) A = 1441 m² u = 182 m

6 individuelle Lösung (Länge und Breite des Klassenzimmers bestimmen)

7 a) Der Flächeninhalt verdoppelt sich.
b) Der Flächeninhalt vervierfacht sich.
c) Der Flächeninhalt bleibt gleich.

Rechteck und DGS

- Quadrat von 3 cm: $A = 9\,cm^2$
- $a = 2{,}5\,cm;\ b = 3{,}2\,cm;\ u = 11{,}4\,cm$

2 Parallelogramm und Raute

Seite 54

Einstiegsaufgabe
→ Alle Vierecke haben einen Flächeninhalt von 6 Einheitsquadraten.
→ Sowohl Grundseiten als auch Höhen sind bei allen Vierecken gleich.

Seite 55

1 individuelle Lösungen (Zeichnung und Berechnung wie auf Seite 54)

2 a) $A = 24\,cm^2$ $u = 28\,cm$
b) $A = 83{,}7\,m^2$ $u = 60{,}2\,m$
c) $A = 27\,dm^2$ $u = 202\,cm$

3 eingezeichnetes Parallelogramm: $A = 2$ Nagelquadrate; individuelle Lösungen

4 a) $A = 40\,cm^2$ $u = 28\,cm$
b) $A = 48\,cm^2$ $u = 32{,}8\,cm$
c) $A = 32{,}4\,cm^2$ $u = 24\,cm$

5 a) $A = 15\,cm^2$ b) $A \approx 23\,cm^2$
c) $A \approx 40{,}5\,cm^2$ d) $A \approx 16{,}5\,cm^2$

6

a	9,0 cm	35 cm	40 m	15 m	12 m
b	12 cm	18 cm	30 m	7,5 m	8 m
h_a	6,0 cm	9 cm	12 m	5 m	6 m
h_b	4,5 cm	17,5 cm	16 m	10 m	9 m
u	42 cm	106 cm	140 m	45,0 m	40 m
A	54 cm²	315 cm²	480 m²	75,0 m²	72 m²

7 a)

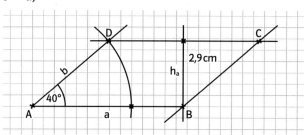

$A = 19{,}72\,cm^2$

b)

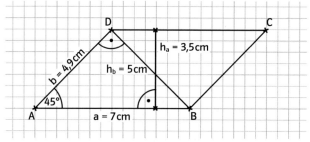

$A = 24{,}5\,cm^2$

8 Die Höhe zur langen Seite des Parallelogramms beträgt 1,7 cm.
Die Höhe zur kurzen Seite des Parallelogramms beträgt 7,1 cm.

9 a) mögliche Lösungen:

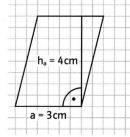 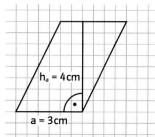

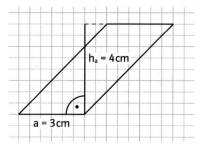

b) Die Raute hätte also vier 3 cm lange Seiten und müsste auch eine Höhe von 4 cm besitzen. Da aber das Quadrat die flächengrößte Raute ist und diese in diesem Fall nur eine Höhe von 3 cm hat (Höhe = Breite), kann es eine solche Raute nicht geben.

Parallelogramm und DGS

Wenn die Bahnschranke mit dem Schutzgitter unten ist, ist ihre Fläche am größten. Je weiter sie nach oben steigt, desto kleiner wird ihre Fläche, bis sie nur noch die Fläche der Schranke ohne Schutzgitter umfasst, sobald sie senkrecht steht.

Seite 56

10 Der Praktikant hat bei der Berechnung der Fläche nicht die Höhe der langen Seite zugrunde gelegt, sondern die kurze Seite. Dadurch wird die Gesamtfläche vergrößert. Die Höhe zur langen Seite beträgt ungefähr 1m, so dass die Gesamtfläche insgesamt nur 7m² umfasst. Dadurch spart ein interessierter Werbepartner 300 Euro.

11 $A_{Straße}$ = 28 m · 30 m = 840 m²

12 $A_{markierte\ Fläche}$ = 3,30 m · 2,00 m = 6,60 m²
6,60 · 45,30 € = 298,98 €

13 $A_{gefärbter\ Teil}$ = 6,00 m · 4,25 m + 4,00 m · 4,25 m
= 42,5 m²
42,5 · 35 = 1487,5
Es werden mindestens 1488 Ziegel benötigt.

14

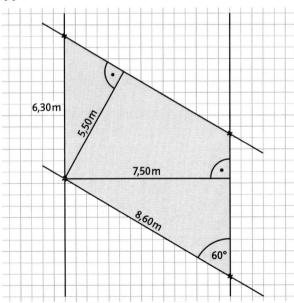

$A_{markierte\ Fläche}$ = 8,60 m · 5,50 m = 47,30 m²

15 Je nach Messung kann das Ergebnis leicht variieren.
a) u = 8,7 cm   A = 3 cm²
b) u = 9,2 cm   A = 3,75 cm²
c) u = 15,6 cm   A = 10 cm²
d) u = 16,6 cm   A = 9,25 cm²

16 Der Umfang wird immer größer, je weiter rechts die Figur steht. Der Flächeninhalt ist jedoch bei allen Figuren gleich, da a und h_a immer gleich bleiben.

17 Das rote Parallelogramm hat denselben Flächeninhalt wie das schwarze, da eine Seite und die Höhe darüber übereinstimmen. Ebenso hat auch das blaue Parallelogramm denselben Flächeninhalt wie das schwarze, da eine Seite und die Höhe darüber übereinstimmen. Folglich haben das rote und das blaue Parallelogramm denselben Flächeninhalt.

3 Dreieck

Seite 57

Einstiegsaufgabe
→ Der Flächeninhalt ist nur halb so groß, d.h.
$A_{Dreieck} = \frac{1}{2} \cdot a \cdot h_a$

Seite 58

1 individuelle Lösung (Bei einem Vergleich der Ergebnisse lassen sich evtl. geringfügige Ergebnisunterschiede aufgrund von Mess- und Zeichenungenauigkeiten feststellen.)

2 a) A = 17,5 cm²   b) A = 16,5 cm²
c) A = 51,85 cm²   d) A = 11,6 dm²
e) A = 20,14 cm²   f) A = 1,7 m²

3 a) A = 6,88 cm²   b) A = 5,94 cm²
c) A = 8,64 cm²

4 a)

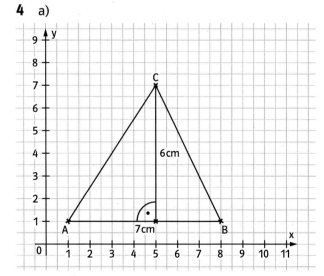

A = 21 cm²; u = 20,9 cm

b)

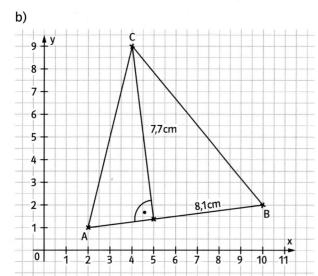

A ≈ 31,2 cm²; u = 23,3 cm

c)

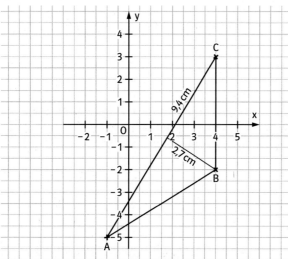

A ≈ 12,5 cm²; u = 20,2 cm

d)

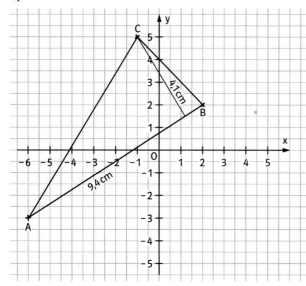

A ≈ 19,27 cm²; u = 23 cm

5

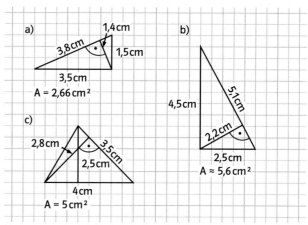

a) A = 2,66 cm²
b) A ≈ 5,6 cm²
c) A = 5 cm²

6 a)

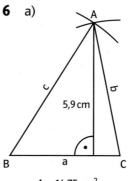

A = 14,75 cm²
u = 18 cm

b)

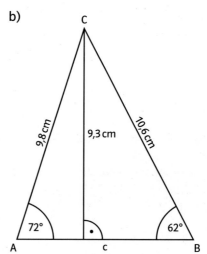

A = 37,2 cm²
u = 28,4 cm

c)

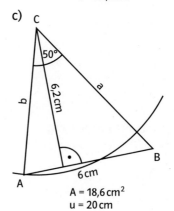

A = 18,6 cm²
u = 20 cm

d)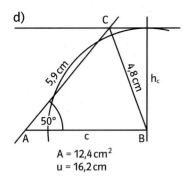
A = 12,4 cm²
u = 16,2 cm

7

a	6 cm	7,5 m	6 dm	70 dm
b	8 cm	12 m	0,4 m	36 dm
h_a	14 cm	80 dm	0,9 m	18 dm
h_b	10,5 cm	50 dm	13,5 dm	35 dm
A	42 cm²	30 m²	27 dm²	6,3 m²

8 mögliche Lösungen:

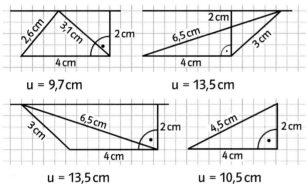

Randspalte
oben:
individuelle Lösungen; abgebildetes Dreieck:
A = 3 Nagelquadrate
unten:
breiteres Dreieck: $A = \frac{1}{2} \cdot 1{,}4\,cm \cdot 2{,}2\,cm \approx 1{,}5\,cm^2$
dünneres Dreieck: $A = \frac{1}{2} \cdot 0{,}4\,cm \cdot 7{,}4\,cm \approx 1{,}5\,cm^2$

Seite 59

9 $h_b = (24\,cm^2 : 6\,cm) \cdot 2 = 8\,cm = a$
u = a + b + c = 8 cm + 6 cm + 10 cm = 24 cm
$h_c = (24\,cm^2 : 10\,cm) \cdot 2 = 4{,}8\,cm$

10 $A_{Parallelogramm} = A_{Rechteck} - A_{Dreiecke}$
$= 7 \cdot 5\,cm^2 - 2 \cdot \frac{1}{2} \cdot 4 \cdot 3\,cm^2 - 2 \cdot \frac{1}{2} \cdot 3 \cdot 2\,cm^2$
$= 35\,cm^2 - 18\,cm^2 = 17\,cm^2$

11 a) $A = \frac{1}{2} \cdot e \cdot e = \frac{1}{2} e^2$ b) $A = \frac{1}{2} \cdot e \cdot 2e = e^2$
c) $A = \frac{1}{2} \cdot e \cdot e = \frac{1}{2} e^2$
d) $A = \frac{1}{2} \cdot e \cdot \frac{e}{2} + \frac{1}{2} \cdot e \cdot \frac{e}{2} \cdot \frac{e}{2} = \frac{e^2}{4} + \frac{e^2}{8} = \frac{3 \cdot e^2}{8}$

12 Holz: $\frac{1}{2} \cdot 1{,}5\,m \cdot 1{,}5\,m = 1{,}125\,m^2$
1,125 · 22,50 € ≈ 25,31 €
Glas: 2,60 m · 2,20 m = 5,72 m²
5,72 · 65 € = 371,80 €
Gesamt: 25,31 € + 371,80 € = 397,11 €

13 Die Gesamtfläche des Kirchendaches berechnet sich aus dem vierfachen Flächeninhalt einer Dreiecksfläche:
$A_D = \frac{5{,}2 \cdot 7{,}35}{2}\,m^2 = 19{,}11\,m^2$
$4 \cdot A_D = 76{,}44\,m^2$
Kosten = 76,44 · 29,50 € = 2254,98 €
Da man aber vermutlich für den Preis von 77 m² aufkommt, hat man 2271,50 € zu zahlen.

14 Dreieck mit Gebäude: $A = \frac{1}{2} \cdot 44{,}8\,m \cdot 58{,}5\,m$
= 1310,4 m² (in der oberen linken Ecke liegt ein rechter Winkel vor)
Gebäude im Dreieck: A = 22,5 m · 10,5 m = 236,25 m²

Dreieck (Schulhof): A = 1310,4 m² − 236,25 m²
= 1074,15 m²

15 Die weiße Fläche ist ungefähr ein Drittel größer als die rote Fläche.

Dreieck und DGS

- Der Flächeninhalt wird verdoppelt, verdreifacht, …
- Der Flächeninhalt wird vervierfacht, verneunfacht, …
- Der Flächeninhalt bleibt gleich.
- Der Flächeninhalt bleibt gleich.

Der Umfang des Dreiecks ist am kleinsten, wenn das Dreieck gleichschenklig ist. Je weiter die Spitze nach rechts oder links wandert, desto größer wird der Umfang.

4 Trapez

Seite 60

Einstiegsaufgabe
→ Der Flächeninhalt muss mindestens 16 cm · 10 cm = 160 cm² sein.

Seite 61

1 a) 85,5 cm² b) 63 cm²
c) 812,67 cm² d) 20,4 dm²

2 a) 28 cm² b) 52,25 cm²
c) 46,48 cm² d) 32,97 cm²

3 individuelle Lösungen (eingezeichnetes Trapez: A = 4 Nagelquadrate)

4

a	11,8 cm	6 cm	12 cm	2,5 m
c	6,2 cm	4 cm	9 cm	4,5 m
h	8,4 cm	14 cm	8 cm	3,2 m
A	75,6 cm²	70 cm²	84 cm²	11,2 m²

5
a) b)

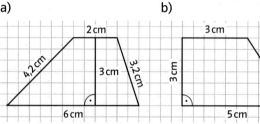

A = 12 cm²; u = 15,4 cm   A = 12 cm²; u = 14,6 cm

c) d)

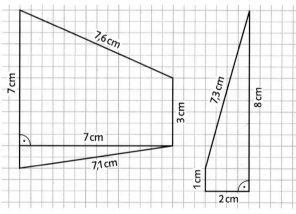

A = 35 cm²; u = 24,7 cm   A = 9 cm²; u = 18,3 cm

6 a)

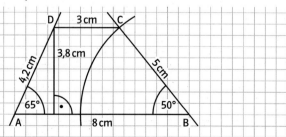

A = 20,9 cm²; u = 20,2 cm

b)

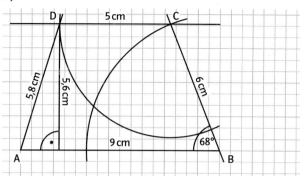

A = 39,2 cm²; u = 25,8 cm

c)

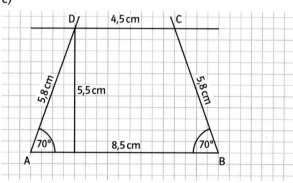

A = 35,75 cm²; u = 24,6 cm

d)

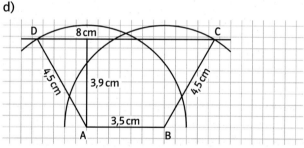

A = 22,425 cm²; u = 20,5 cm

7 A = 0,84 m²   0,84 · 75 € = 63 €

8 $A_{Wohnung} = A_{Gebäudegrundriss} - A_{Balkon}$
Maße: Seite Balkon-Wohnen: 7,5 m
Seite Balkon-Flur (Höhe des Trapezes): 10 m
Seite Wohnen-Essen-Küche: 10 m
Größe Balkon: 5 m × 5 m
(die Wandstärken werden nicht mit berechnet bzw. rausgerechnet)
$A_{Gebäudegrundriss} = \frac{7,5 + 10}{2} \cdot 10\,m^2 = 87,5\,m^2$
$A_{Balkon} = 25\,m^2$
$A_{Wohnung} = 87,5\,m^2 - 25\,m^2 = 62,5\,m^2$

Seite 62

9 $A = \frac{1}{2} \cdot (18,5\,m + 9,3\,m) \cdot 5,2\,m = 72,28\,m^2$

10 $A = \frac{1}{2} \cdot (90\,m + 162\,m) \cdot 11\,m = 1386\,m^2$ (Fläche im Querschnitt durch den Kanal)

11 a) 3e b) 3e

12 $A_{hinten} = 700\,cm^2$ $A_{vorn} = 560\,cm^2$
$A_{Seiten} = 913{,}5\,cm^2$ $A_{Deckel} = 700\,cm^2$
$A_{Boden} = 680\,cm^2$
$A_{gesamt} = 4467\,cm^2 = 0{,}4467\,m^2$

13 $A_{Dach} = 6 \cdot \frac{1}{2}(140\,cm + 40\,cm) \cdot 100\,cm = 54\,000\,cm^2$
$A_{Sitz} = 6 \cdot \frac{1}{2}(106\,cm + 60\,cm) \cdot 40\,cm = 19\,920\,cm^2$
$A_{gesamt} = 73\,920\,cm^2 = 7{,}392\,m^2$
Kosten: $7{,}392 \cdot 32{,}50\,€ = 240{,}24\,€$.
Bei den anderen Formen gilt: Je weniger Flächen man benutzt, desto länger werden die Trapeze.

> **Trapez und DGS**
>
> Der Umfang ist am kleinsten, wenn das Trapez zu einem Quadrat wird.

5 Vielecke

Seite 63

Einstiegsaufgabe
→ $A = 200{,}88\,m^2$
→ Wohnfläche einer Etage in zwei Trapeze zerlegen ($a = 6{,}2\,m$; $c = 12{,}4\,m$; $h = 5{,}4\,m$); Flächeninhalt des Trapezes berechnen ($A = 50{,}22\,m^2$); Flächeninhalt mit 4 multiplizieren, da der Familie zwei Etagen mit je zwei Trapezen zur Verfügung stehen
Alternative: Wohnfläche einer Etage in sechs gleichseitige Dreiecke zerlegen ($a = 6{,}2\,m$; $h = 5{,}4\,m$); Flächeninhalt eines Dreiecks berechnen ($A = 16{,}74\,m^2$); Flächeninhalt mit 12 multiplizieren, da der Familie zwei Etagen mit je sechs Dreiecken zur Verfügung stehen

Seite 64

1 a) $A = \frac{1}{2} \cdot 20\,cm \cdot 12\,cm + \frac{1}{2} \cdot (32\,cm + 20\,cm) \cdot 12\,cm = 432\,cm^2$
b) $A = \frac{1}{2} \cdot 8\,cm \cdot 14\,cm + \frac{1}{2}(14\,cm + 18\,cm) \cdot 16\,cm + \frac{1}{2} \cdot 12\,cm \cdot 18\,cm = 420\,cm^2$
c) $A = \frac{1}{2}(5\,cm + 3\,cm) \cdot 6\,cm + 18\,cm \cdot 5\,cm + \frac{1}{2} \cdot 18\,cm \cdot 6\,cm = 168\,cm^2$

2

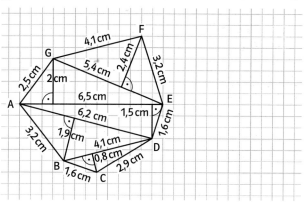

$A = 25{,}385\,cm^2$; $u = 19{,}1\,cm$

3

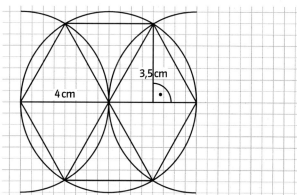

$A_{Dreieck} = \frac{1}{2} \cdot 4\,cm \cdot 3{,}5\,cm = 7\,cm^2$
$A_{gesamt} = 42\,cm^2$; $u = 6 \cdot 4\,cm = 24\,cm$

4 $A = \frac{1}{2} \cdot 76\,m \cdot 28\,m + \frac{1}{2} \cdot 85\,m \cdot 45\,m + \frac{1}{2} \cdot 85\,m \cdot 40\,m + \frac{1}{2} \cdot 64\,m \cdot 17\,m = 5220{,}5\,m^2$

5 $A = 72\,cm^2 - (5\,cm^2 + 2{,}5\,cm^2 + 4\,cm^2 + 3\,cm^2) = 57{,}5\,cm^2$

6 a)

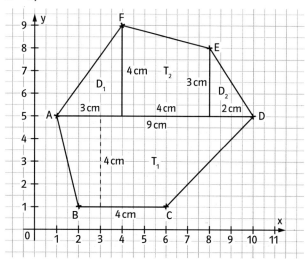

$A = A_{T_1} + A_{T_2} + A_{D_1} + A_{D_2} = (26 + 14 + 6 + 3)\,cm^2 = 49\,cm^2$; $u \approx 26{,}5\,cm$

b)

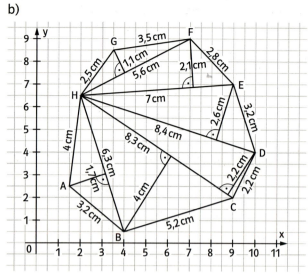

A = 52,44 cm²; u = 26,6 cm

6 Kreisumfang

Seite 65

Einstiegsaufgabe

→ individuelle Lösungen; es ist darauf zu achten, dass bei der Durchmessermessung der Faden durch den Mittelpunkt des Kreises gelegt wird.

→

Gegenstand	Umfang u	Durchmesser d	$\frac{u}{d}$
Dose	24 cm	7,7 cm	3,12
CD	37,6 cm	12 cm	3,13
Teller	59,6 cm	19 cm	3,14
2-€-Münze	8,2 cm	2,6 cm	3,15

→ Das Verhältnis $\frac{u}{d}$ ist stets in etwa gleich groß. Sein Wert ist ca. 3,14.

Seite 66

1 a) u = 16,7 cm b) u = 24,2 cm
c) u = 54 cm d) u = 199,8 cm
e) u = 6,16 m f) u = 77,9 dm

2 a) r = 21,2 cm b) r = 1,4 m
c) r = 0,07 m d) r = 2,1 mm
e) r ≈ 8 m f) r = 1193,7 dm

3

	a)	b)	c)	d)	e)
r	24,4 cm	0,25 m	0,18 m	15,92 m	0,41 dm
d	48,8 cm	0,5 m	0,36 m	31,84 m	0,81 dm
u	153,3 cm	1,57 m	1,1 m	100,03 m	2,56 dm

4 a) u = 35,7 cm b) u = 37,4 cm
c) u = 9,14 m d) u = 41,13 m

Rund ums Fahrrad

- Der Fahrradcomputer benötigt den Umfang des Rades. Um ihn zu ermitteln, misst man am besten den Durchmesser des Rades und multipliziert diesen mit π. Der Umfang des Reifens kann auch direkt z. B. mit einer Schnur gemessen werden.

Fahrradtyp	Durchmesser der Felge in Zoll	Durchmesser des Laufrades in Meter	Laufradumfang in Meter
Kinderrad	20	0,51	0,59	1,85
Jugendrad	24	0,61	0,69	2,17
Tourenrad	26	0,66	0,74	2,32
	28	0,71	0,79	2,48
Klapprad	20	0,51	0,59	1,85

- Die abgebildete Übersetzung vom Kettenblatt auf das kleinste Ritzel beträgt 36:16. Das bedeutet, dass mit einer Umdrehung des Kettenblattes das 2,25-Fache des Laufradumfangs zurückgelegt wird. Klapprad: 1,85 m · 2,25 = 4,16 m. 28er-Tourenrad: 2,48 m · 2,25 = 5,58 m.
- Klapprad: 100 000 m : (1,85 m · 36:16) = 24 024
Tourenrad: 100 000 m : (2,48 m · 36:16) = 17 921

Seite 67

5 individuelle Lösung. Mögliches Vorgehen: Umfang der Bäume in 1 m Höhe messen, diesen Wert durch π dividieren. Der so erhaltene Durchmesser darf 20 cm nicht überschreiten, wenn der Baum ohne Genehmigung gefällt werden soll.

6 u = 1 m; d = 0,32 m
u = 2 m; d = 0,64 m
u = 5 m; d = 1,59 m

7 u = 12,6 m; d. h. es müssen mindestens 13 laufende Meter Steine bestellt werden.

8 a)

	Faustformel	exakt
1) d = 20 cm	63 cm	62,8 cm
2) d = 80 mm	252 mm	251,3 mm
3) d = 1,50 m	4,73 m	4,71 m
4) r = 65 cm	409,5 cm	408,4 cm
5) r = 3 dm	18,9 dm	18,8 dm
6) r = 5 mm	31,5 mm	31,4 mm

b) Näherungswert: 3 + 0,05 · 3 = 3,15 oder
u = d · 3 · 1,05 = 3,15 d.

9 a) Höhe = Durchmesser = 1,95 m; u = 6,13 m.
6,13 m · 6000 = 36 780 m legt der Muldenkipper zurück.
b) Der Radius des Kipperrades beträgt 0,945 m. Dreht sich auch dieses Rad 6000-mal, ergibt sich eine Strecke von 35 625,7 m.

10 2u = 1 m, u = 0,5 m; r = 0,08 m, d = 0,16 m.

11 u_{Dynamo} = 6,3 cm. Strecke pro Sekunde: 2 500 000 cm : 3600 s = 694,44 cm/s.
694,44 : 6,3 = 110-mal pro Sekunde dreht sich das Rädchen.

12 Die Breite ändert sich nicht. Die ursprüngliche Länge berechnet sich wie folgt: 2,50 m : 0,05 m = 50 Halbkreise auf der gesamten Länge.
50 · $u_{Halbkreis}$ = 50 · 0,0785 m = 3,93 m.

13 a) u_{1h} = 785,4 cm; u_{4h} = 3141,6 cm = 31,4 m
b) Der Sekundenzeiger muss ca. 15,92 m lang sein.
c) Die Geschwindigkeit beträgt 754 cm : 60 s = 12,6 $\frac{cm}{s}$

14 a) Ja, sie kann. r_{Erde} = 6378 km, u_{Erde} = 40 074,1559 km; u_{Erde} + 1 m = 40 074,1569 km. Der neue Radius berechnet sich wie folgt: (u_{Erde} + 1 m) : 2π = 6378,00016 km, d.h., das Seil steht etwa 0,16 m ab.
b) Das Seil hat immer denselben Abstand (ca. 16 cm). Rechnerische Begründung: u = 2πr;
r_{neu} = (u + 1) : 2π = (2πr + 1) : 2π = $\frac{r+1}{2\pi}$ = $\frac{r}{2\pi}$ + 0,16.

15 a) Geschwindigkeit = $\frac{Weg}{Zeit}$ = $\frac{40023,89 \, km}{24 \, h}$ = 1667,7 $\frac{km}{h}$.
b) Geschwindigkeit = $\frac{26288,85 \, km}{24 \, h}$ = 1095,37 $\frac{km}{h}$.

7 Kreisfläche

Seite 68

Einstiegsaufgabe
→ individuelle Lösungen
→ mögliche Lösungen:

r = a	10 cm	15 cm	20 cm
$m_{Quadrat}$	5 g	11,25 g	20 g
$m_{Viertelkreis}$	4 g	9 g	16 g
m_{Kreis}	16 g	36 g	64 g
$\frac{m_{Kreis}}{m_{Quadrat}}$	3,2	3,2	3,2

→ Das Verhältnis $\frac{m_{Kreis}}{m_{Quadrat}}$ ist konstant. Der Flächeninhalt des Quadrates mit Seitenlänge a = r ist also um den Faktor 3,2 kleiner als der des Kreises mit Radius r.

1 a) A = 28 953 cm² b) A = 177 952 mm²
c) A = 118,8 cm² d) A = 6,11 km²

2 a) 1,12 m² b) 642 m²

Seite 69

3

	r	d	A	u
a)	4,3 cm	8,6 cm	58,1 cm²	27,0 cm
b)	2,9 m	5,8 m	26,3 m²	18,2 m
c)	23,7 cm	47,4 cm	1764,6 cm²	149 cm
d)	0,5 m	1 m	0,8 m²	3,1 m

4

r in cm	1	2	3	4	5	6
u in cm	6,3	12,6	18,8	25,1	31,4	37,7
A in cm²	3,1	12,6	28,3	50,3	78,5	113,1

Wenn man den Radius eines Kreises verdoppelt, verdreifacht, ..., dann verdoppelt, verdreifacht, ... sich auch der Umfang des Kreises bzw. dann vervierfacht, verneunfacht, ... sich der Flächeninhalt des Kreises.

Zusammenhang Radius – Umfang

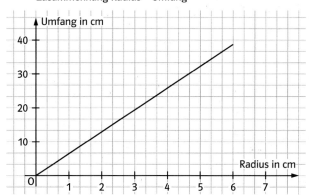

Zusammenhang Radius – Flächeninhalt

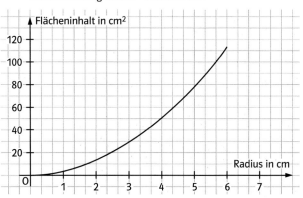

5 a) $u = \pi d$, $A = \frac{1}{16}\pi d^2$
b) $u = \pi d$, $A = \frac{3}{16}\pi d^2$
c) $u = \pi d$, $A = \frac{17}{64}\pi d^2$
d) $u = \pi d$, $A = \frac{1}{8}\pi d^2$
e) $u = 50{,}3$ cm, $A = 164{,}5$ cm^2
f) $u = 58{,}9$ cm, $A = 104{,}6$ cm^2
g) $u = (2\pi + 8)e$, $A = (\pi + 8)e^2$

Wurzel ziehen

- $r = 4$ cm, $d = 8$ cm; $r = 10{,}1$ m, $d = 20{,}2$ m
  $r = 4{,}5$ dm, $d = 9$ dm; $r = 23{,}9$ mm, $d = 47{,}8$ mm
- $u = 30{,}7$ m; $u = 67{,}6$ cm
  $u = 28{,}3$ mm; $u = 401$ mm
- Das Quadrat mit der Seitenlänge $a = 4$ cm hat den Umfang $u = 16$ cm.
  Der Kreis mit dem gleichen Flächeninhalt $A = 16$ cm^2 hat den Umfang $u = 14{,}2$ cm.
  Also das Quadrat hat den größeren Umfang.

Seite 70

6 $A = 9503{,}3$ km^2.

7

Stromstärke in Ampere	16,0	20,0	25,0
Querschnitt im mm^2	1,5	2,5	4,0
Durchmesser in mm	1,4	1,8	2,3

8 a) Die Windernteflâche ist die Fläche, die von den Rotoren überstrichen wird.
$A = 3848{,}5$ m^2.
b) $A = 855{,}3$ m^2.

9 Seitenlänge Feldquadrat = Durchmesser Kreis,
$A_{Kreis} = 31416$ m^2.

10 $A_{Mini} = 314{,}2$ cm^2
$A_{Maxi} = 706{,}9$ cm^2
$A_{Super\,Maxi} = 1256{,}6$ cm^2.

$\frac{Euro}{cm^2}$	Mini	Maxi	Super Maxi
Salami	0,011	0,009	0,012
Roma	0,013	0,011	0,012
Diavolo	0,018	0,014	0,013

Man sollte die Mini-Salami oder die Maxi-Roma kaufen.

11 Wenn man davon ausgeht, dass der Mann in der blauen Jacke ca. 1,80 m groß ist, so hat die Iris einen geschätzten Durchmesser von 3,20 m. Dies entspricht einem Flächeninhalt von 8,04 m^2. Unter der Annahme, dass das Verhältnis Iris:Körpergröße etwa 1 cm : 180 cm ist, müsste das Plakat $320 \cdot 180$ = 57600 cm = 576 m hoch sein.

12 a) Flächeninhalt Kochflächen = 86315,3 mm^2 = 863,2 cm^2.
b) $A_{Topf} = 176{,}7$ cm^2, $A_{Platte} = 254{,}5$ cm^2.
$\frac{A_{Topf}}{A_{Platte}} = 0{,}69$, also ca. 70 %. Klaus hat also Recht, 30 % der Platte werden nicht vom Topf abgedeckt.

Seite 71

Kreisring

- Blaue Flächen:
  $A_R = 7{,}1$ cm^2
  $A_R = 5{,}5$ cm^2
  $A_R = 100{,}3$ cm^2
  $A_R = 38{,}5$ cm^2
  gelbe Flächen:
  $A = 47{,}8$ cm^2
  $A = 0{,}6$ cm^2
  $A = 58{,}1$ cm^2
  $A = 63{,}6$ cm^2
- Fläche Passivitätszone:
  $A_P = \pi((4{,}5\,m)^2 - (3{,}5\,m)^2) = 25{,}1$ m^2.
  $A_{gesamt} = 63{,}6$ m^2
  prozentualer Anteil: $\frac{A_P}{A_{gesamt}} = 0{,}39$, also ca. 40 %.

13 $A_{Quadrat} = 6400$ cm^2.

Anzahl Kreise	Radius Kreise	Gesamtfläche Kreise	Verschnitt
1	40 cm	5026,5 cm^2	1373,5 cm^2
4	20 cm	5026,5 cm^2	1373,5 cm^2
16	10 cm	5026,5 cm^2	1373,5 cm^2
64	5 cm	5026,5 cm^2	1373,5 cm^2

14 $u_{Quadrat} = 16{,}0$ cm, $r = \frac{u}{2\pi} = 2{,}5$ cm.
$A_{Kreis} = 19{,}6$ cm$^2 > A_{Quadrat} = 16$ cm^2.

15 a) $A_{klein} = 531$ cm^2; $A_{groß} = 1018$ cm^2.
$\frac{A_{groß}}{A_{klein}} = 1{,}92$, d.h. die Fläche der zweiten Pizza ist um 92 % größer.
b) $A_{Familienpizza} = 1810$ cm^2. Sie ist um das 3,4-Fache größer als die kleine und um das 1,8-Fache größer als die große Pizza.

16 a) Diskette: $A = 52{,}8$ cm^2; CD-R: $A = 94{,}2$ cm^2
b) Diskette: $\frac{1{,}44\,MB}{52{,}8\,cm^2} = 27272{,}7\,\frac{B}{cm^2}$
CD-R: $\frac{700\,MB}{94{,}2\,cm^2} = 7430997{,}9\,\frac{B}{cm^2}$, sinnvoll gerundet: 7,4 Millionen $\frac{B}{cm^2}$

c) DVD: $\frac{4{,}7\,GB}{94{,}2\,cm^2} = 49\,893\,842{,}9\,\frac{B}{cm^2}$,
sinnvoll gerundet: 50 Millionen $\frac{B}{cm^2}$

Üben • Anwenden • Nachdenken

Seite 73

Drachen und Raute

•	e	11 cm	16 cm	380 cm	13 dm
	f	16 cm	9,5 cm	11 m	14,5 dm
	A	88 cm²	76 cm²	20,9 m²	0,9425 m²

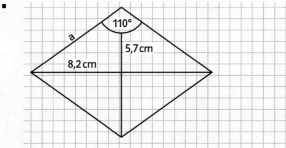

$A = \frac{1}{2} \cdot e \cdot f = \frac{1}{2} \cdot 8{,}2\,cm \cdot 5{,}7\,cm = 23{,}37\,cm^2$
oder
$A = a \cdot h_a = 5\,cm \cdot 4{,}7\,cm = 23{,}5\,cm^2$
Die beiden Ergebnisse unterscheiden sich etwas, da bei der Formel für die Raute zwei Messwerte (und damit evtl. zwei Messfehler) in die Berechnung einfließen.
• Das Parallelogramm ist nur punktsymmetrisch. Eine Raute hat zwei Spiegelachsen.

1 Der Umfang des Baumes beträgt u = 15 m, er hat einen Radius von ca. 2,4 m und sein Flächeninhalt beträgt A = 17,9 m².

2 a) Rechteck

a	12 cm	6,2 m	4,8 cm	13,5 m
b	7 cm	3,5 m	3,5 cm	25,2 m
u	38 cm	19,4 m	16,6 cm	77,4 m
A	84 cm²	21,7 m²	16,8 cm²	340,2 m²

b) Parallelogramm
Fehler im 1. Druck des Schülerbuchs: In der rechten Spalte sind die Werte vertauscht. Es muss also b = 279 mm, h_a = 25,2 cm heißen.

a	8 cm	18 cm	3,2 m	7,2 cm
b	6 cm	15 cm	6,4 m	27,9 cm
h_a	5,25 cm	10 cm	5,2 m	25,2 cm
h_b	7 cm	12 cm	2,6 m	6,5 cm
u	28 cm	66 cm	19,2 m	63,4 cm
A	42 cm²	180 cm²	16,64 m²	181,44 cm²

c) Dreieck

c	32 cm	5,5 cm	47 m	7 m
h_c	45 cm	6,8 cm	58 m	156 cm
A	720 cm²	18,7 cm²	13,63 a	5,46 m²

d) Trapez

a	38 cm	2,5 m	7,2 cm	1,8 m
c	14 cm	0,9 m	5,4 cm	140 cm
h	25 cm	2,8 m	3,5 cm	3,1 m
A	650 cm²	4,76 m²	22,05 cm²	496 dm²

e) Kreis

r	5 cm	1,2 m	27 km	0,02 dm
d	10 cm	2,4 m	54 km	0,04 dm
u	31,4 cm	7,5 m	169,6 km	0,1 dm
A	78,5 cm²	4,5 m²	2290 km²	0,001 dm²

Seite 74

3 a)

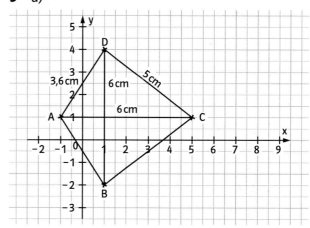

A = 18 cm²; u = 17,2 cm
b) Abstand zwischen A und C: 4 cm
$15\,cm^2 = \frac{1}{2} \cdot 4\,cm \cdot e$; e = 7,5 cm
Die beiden fehlenden Eckpunkte des Drachens liegen auf der Mittelsenkrechten der Strecke $\overline{AC}$. Als x-Koordinate haben sie also immer −1 und sie liegen 7,5 cm voneinander entfernt.
Beispiele: B(−1|−5); D(−1|2,5) oder B(−1|−9); D(−1|−1,5).

4 individuelle Lösungen (eingezeichnete Figur: A = 3,5 Nagelquadrate, unregelmäßiges Viereck)

5 a) A = (π − 2)a²; A = 10,3 cm²
b) A = (0,375 π + 0,5)a²; A = 15,1 cm²
c) A = (2π − 4)a²; A = 20,5 cm²
d) A = (0,375 π + 1)a²; A = 19,6 cm²

6 $A_{Rechteck} = 2\,cm \cdot 2{,}5\,cm = 5\,cm^2$
Die obere Figur besteht aus einem Quadrat mit der Seitenlänge a = 2 cm, d.h. $A = 4\,cm^2$, bei dem an jeder Seite ein Dreieck mit $A = \frac{1}{4}\,cm^2$ angefügt wird. Also besitzt die ganze Figur einen Flächeninhalt von $A = 5\,cm^2$.

7 a) $A = 35{,}68\,cm^2$ b) $A = 78{,}4\,cm^2$
c) $A = 47{,}3\,cm^2$

8 $A_1 = 704\,m^2$ $A_2 = 520\,m^2$ $A_3 = 820\,m^2$
$A_4 = 361\,m^2$ $A_5 = 952\,m^2$ $A_6 = 675\,m^2$
$A_7 = 899\,m^2$ $A_{gesamt} = 4931\,m^2$
$4931 \cdot 262{,}50\,€ = 1\,294\,387{,}50\,€$

Seite 75

9 a) $A = \frac{1}{2} \cdot e^2$; $u = \pi e$
b) $A = 2 \cdot A_{Viertelkreis} - A_{Quadrat} = \left(\frac{1}{2} \cdot \pi - 1\right) \cdot e^2$; $u = \pi e$
c) $A = A_{großer\ Viertelkreis} - 3 \cdot A_{kleiner\ Viertelkreis}$
$= \frac{1}{16} \cdot \pi \cdot e^2$; $u = \left(\frac{5}{4} \cdot \pi + 1\right) \cdot e$
d) $A = \frac{3}{16} \cdot \pi \cdot e^2$; $u = \left(1 + \frac{3}{4}\pi\right) \cdot e$

10 $u_{rot} = 8\pi r_{rot}$
$u_{lila} = 8\pi r_{rot}$
$u_{blau} = 8\pi r_{rot}$
Die Umfänge sind alle gleich groß, es gilt für die Radien $r_{lila} = 2 \cdot r_{rot}$; $r_{blau} = 4 \cdot r_{rot}$.

11 Christian läuft 1 m entfernt vom Teich
$(365 \cdot 0{,}75\,m)\ 273{,}75\,m$.
Radius des Teiches $= \frac{273{,}75\,m}{2 \cdot \pi} - 1\,m$
$= 43{,}6\,m - 1\,m = 42{,}6\,m$
Wasserfläche des Teiches $= \pi \cdot 42{,}6^2\,m^2 = 5701{,}2\,m^2$

12 $A = 3{,}6\,m^2$

13 $c = 5{,}5\,cm$

14 a) $A_{Garageneinfahrt} = 75{,}5\,m^2$
$A_{eines\ Steines} = 0{,}0265\,m^2$
$75{,}5\,m^2 : 0{,}0265\,m^2 = 2849{,}1$
Es werden ca. 2850 Steine benötigt.
b) $2850 + 428 = 3278$ Steine
c) Rechnungsbetrag (brutto) = 2786,30 € + 529,40 €
= 3315,70 €
d) Skonto: 66,31 €
Selbstabholerrabatt: 165,79 €
(Dieser Rabatt wurde für die Grundrechnung kalkuliert.)
Kosten für Anhänger: 75 € (für einen Tag)
Gesamtkosten:
3315,70 € − 66,31 € − 165,79 € + 75 € = 3158,60 €

e) individuelle Lösungen

15 a) $5{,}\overline{3}\,cm$ b) $10{,}\overline{6}\,cm$ c) $9\,cm$

Seite 76

16 $\frac{147\,m^2 + 134{,}75\,m^2 + 134{,}75\,m^2}{1984{,}5\,m^2} = \frac{416{,}5\,m^2}{1984{,}5\,m^2} \approx 0{,}209\,87$
Ungefähr 21 % Gesamtgrundstücksfläche sind bebaut.

17 a) $A = 2 \cdot \frac{1}{2}(10{,}5\,m + 6{,}4\,m) \cdot 5{,}8\,m + 2 \cdot \frac{1}{2} \cdot 7{,}3\,m$
$\cdot 6{,}15\,m = 142{,}915\,m^2$
$142{,}915 \cdot 52{,}50\,€ \approx 7503\,€$
b) $A = 2 \cdot \frac{1}{2}(11{,}45\,m + 10{,}2\,m) \cdot 5{,}2\,m + 2 \cdot \frac{1}{2}(10{,}2\,m + 6{,}9\,m) \cdot 3{,}55\,m + 2 \cdot \frac{1}{2} \cdot 3{,}95\,m \cdot 3{,}8\,m = 188{,}295\,m^2$
$188{,}295 \cdot 52{,}50\,€ \approx 9885{,}49\,€$

18 a) $A_{Kirchturmspitze} = 241{,}68\,m^2$
$A_{Sockel} = 356{,}88\,m^2$
b) Formel für $A_{Dachspitze} = 8 \cdot \frac{b \cdot h_2}{2}$
Formel für $A_{gesamtes\ Dach} = 8 \cdot \frac{b \cdot h_2}{2} + 4 \cdot \frac{b \cdot h_3}{2}$
$+ 4 \cdot \left(\frac{a+b}{2}\right) \cdot h_1 = 2b(2h_2 + h_3 + h_1) + 2ah_1$

Büromöbel

- individuelle Lösungen
- Die Seitenlängen der verschiedenen Tischarten müssen gleich lang sein.
- individuelle Lösungen

4 Prozent- und Zinsrechnen

Auftaktseite: Prozente, Prozente ...

Seite 78 und 79

Alles Sonderangebote
- Bei Sport & Fit sollte man das Sweatshirt und die Schuhe kaufen, bei FUNSPORT die Hose und den Hometrainer, weil die Preise dort jeweils die günstigsten sind (vorausgesetzt, die Qualität der Produkte ist gleichwertig).

Interessantes aus der Zeitung
- Züricher Zeitung, Schnellfahrer: „Jeder fünfte Autofahrer" bedeutet, dass einer von fünf Fahrern, also $\frac{1}{5}$ aller Fahrer, zu schnell ist. Dies entspricht einem Prozentsatz von 20 %, nicht 5 %.
- Züricher Zeitung, Sport: „Jeder 15. Zuschauer" bedeutet einer von 15 Zuschauern, also $\frac{1}{15}$ (ca. 6,7 %). Der Mittelstürmer bekäme also mit seiner Forderung nur etwa die Hälfte von dem, was er bekommen würde, wenn er 12 % bekäme.
- Extra-Blatt: Ein Rückgang der Preise um 100 % bedeutet einen Preis von Null. Vermutlich ist hier eine Halbierung des Preises gemeint, also ein Rückgang um 50 %.
- Tagesstern: Die Preiserhöhung von 28 € auf 56 € ist eine Preisverdopplung, also eine Erhöhung um 100 % und nicht nur um 50 %, wie in der Überschrift behauptet.
- Der Morgen: Wenn jeder neunte Befragte zufrieden ist, so entspricht dies einem Anteil von $\frac{1}{9}$, bzw. von rund 11,11 %. Somit ist fragwürdig, ob dieses Ergebnis das beste der letzten zehn Jahre ist.

1 Grundwert. Prozentwert. Prozentsatz

Seite 80

Einstiegsaufgabe
→ individuelle Lösung

Seite 81

1 a) 235,20 €   b) 282,60 kg   c) 0,39 m

2 a) 35 %   b) 32 %   c) 31,5 %

3 a) 480 kg   b) 7000 g   c) 1200 €

4 a)
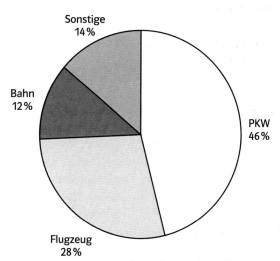

b) PKW: 6 440 000, Flugzeug: 3 920 000, Bahn: 1 680 000, Sonstige: 1 960 000
c) individuelle Lösung

5 a) Von Montag bis Donnerstag wird in etwa der gleiche Umsatz gemacht. Freitags und samstags werden die umfangreicheren Wochenendeinkäufe getätigt.
b) Montag: 12 672 500 €, Dienstag: 12 025 000 €, Mittwoch: 12 025 000 €, Donnerstag: 13 690 000 €, Freitag: 17 760 000 €, Samstag: 24 327 500 €.
c)
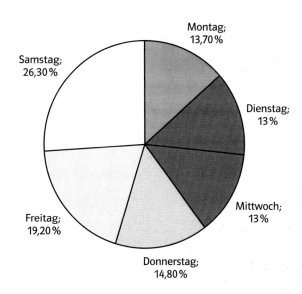

6 individuelle Lösungen

7 a) individuelle Lösung
b) Kfz-Mechatroniker: 108 800
Kaufmann im Einzelhandel: 86 400
Industriemechaniker: 44 800
IT-System-Elektroniker: 41 600
Industriekaufmann: 38 400
c) Die Werte sind gerundet.
Arzthelferin: 17%
Kauffrau im Einzelhandel: 17%
Bürokauffrau: 16%
Friseurin: 12%
Mediengestalterin: 9%

Es ist auffällig, dass die weiblichen Bewerber andere Berufswünsche als die männlichen Bewerber haben. Der einzige Beruf, der von beiden Gruppen angegeben wurde, ist der des Kaufmanns/der Kauffrau im Einzelhandel. Dieser ist bei den männlichen Bewerbern noch beliebter (27%) als bei den weiblichen (17%).

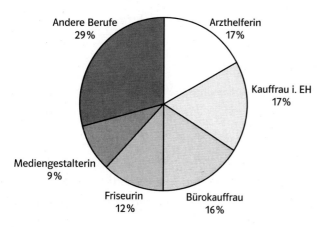

Kreisdiagramm Berufswunsch

Seite 82

Promille

- Die Alkoholmenge in einer Flasche Alkopop beträgt nach der Formel 12,1 g. Somit enthalten drei Flaschen insgesamt 36,3 g Alkohol.
- C ≈ 0,807 Promille.
- Bei gleich bleibender Menge steigt die Alkoholkonzentration mit sinkendem Gewicht. Mit steigendem Körpergewicht sinkt sie (bei gleich bleibender Menge). Bei gleich bleibendem Körpergewicht steigt die Konzentration bei steigendem Alkoholkonsum. Sinkt die Menge, so sinkt auch die Alkoholkonzentration (bei gleichem Körpergewicht).
- In seinem Blut befand sich 106,4 g Alkohol. Nach der Formel hat er also etwa 7 Gläser Bier à 0,4 l getrunken.

- Alkoholgehalt verschiedener alkoholischer Getränke: Rotwein 11%–13%, Weißwein 9%–11%, Schnaps 45%

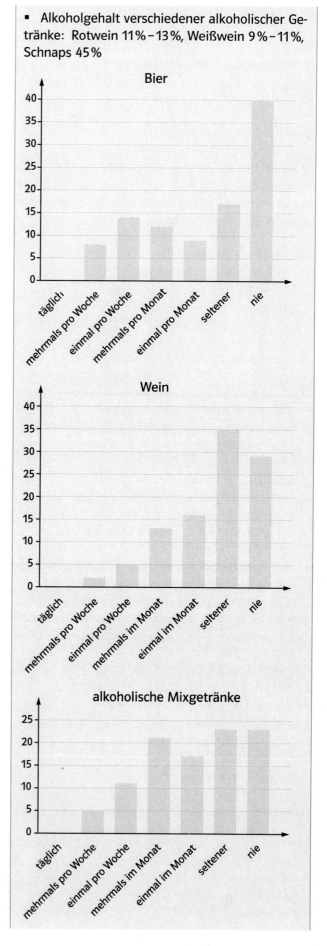

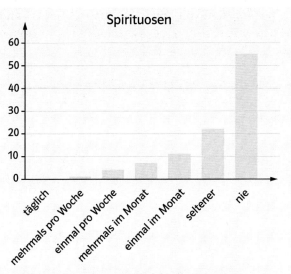

- Datensammlung: individuelle Lösung
- Die Fahrtüchtigkeit ist gegen 5 Uhr wieder hergestellt, „nüchtern" ist die Person gegen 8 Uhr.
- Je geringer der Abbauwert, desto länger dauert es, bis die Fahrtüchtigkeit und Nüchternheit wieder hergestellt ist.

2 Vermehrter und verminderter Grundwert

Seite 83

Einstiegsaufgabe
→ Florian hat Recht. Das Bedienungsgeld beträgt 30 ct.
→ In dem Preis für die Schokolade in dem anderen Cafe sind rund 27 ct Bedienungsgeld enthalten.

Seite 84

1 a) q = 130 % = 1,3   b) q = 98 % = 0,98
c) q = 119 % = 1,19   d) q = 65 % = 0,65
e) q = 122 % = 1,22   f) q = 95 % = 0,95
g) q = 104,5 % = 1,045   h) q = 92 % = 0,92
i) q = 75 % = 0,75   j) q = 133,33 % = 1,33
k) q = 125 % = 1,25

2 Einrad: W = 120 €
Skistock: W = 30,40 €
Basketball: W = 10 €
Fußball: W = 9,60 €
Inliner: W = 88 €
Tennisbälle: W = 8,16 €
Schirmmütze: W = 20 €
Tennisschläger: W = 79,20 €
Turnschuhe grün: W = 36 €
Turnschuhe orange: W = 48 €
Reitstiefel: W = 68,80 €

3 a) W = 399 €   b) W = 192 hl
c) W = 84,70 kg   d) W = 110,88 €
e) W = 56 367,6 km   f) W = 127,57 kg

4 geschätzt: individuelle Lösung
Heimtrainer: 20 %
Autoradio: 27,4 %
Laufband: 41,7 %
Trampolin: 20 %
Crosstrainer: 16,7 %

5 Beispiel: Ein DVD-Player kostet 120 €. Der Kunde bezahlt nur W = 97,20 €, aber der Großmarkt muss dennoch 19 % MwSt. abführen.

Seite 85

Alles immer billiger! Fast geschenkt!

- Die zweite Reduzierung um 50 % wird auf den neuen, bereits reduzierten Preis gerechnet, man spart also insgesamt 75 %.
- Das stimmt beinahe. Der wirksame Prozentsatz beträgt dann $1{,}1 \cdot 0{,}9 = 0{,}99 = 99\,\%$.
Beispiel: G = 120 €, W_1 = 110 €, W_2 = 99 €.
- 10 %: q = 1,1 · 0,9 = 0,99 = 99 %
20 %: q = 1,2 · 0,8 = 0,96 = 96 %
30 %: q = 1,3 · 0,7 = 0,91 = 91 %
x %: q = (100 + x) % · (100 − x) %
- Der alte Preis beträgt insgesamt 386,40 €. Der neue, reduzierte Gesamtpreis beträgt 294,46 €. Man spart insgesamt natürlich nicht 100 %, denn die einzelnen Prozentsätze beziehen sich auf unterschiedliche Grundwerte.
- Der Großvater hat nicht Recht. Eine Preissteigerung um 500 % führt zu einem veränderten Prozentsatz von q = 100 % + 500 % = 600 %.

6 a) Der Preis ohne Rabatt betrug 200 €.
b) Die Jacke kostete 98 €, Sarah muss dafür 95,06 € bezahlen.
c) Der Drucker ist um rund 17 % teurer geworden.

7 Sie könnte 14,99 € sparen.

8 a) Der Preis ohne Mehrwertsteuer und Rabatt beträgt 820 €.
b) Wird nur Skonto von 3 % abgezogen, kostet der Flachbildschirm 946,53 €, dies entspricht einer Preisänderung um 68,31 €.

9 a) In der Musikhalle kostet die Anlage 726,53 €, bei Happy music müsste Sinje 759,51 € bezahlen.
b) Der Preis für das Gerät in der Musikhalle ist um 4,3 % niedriger als bei Happy music.

c) Die Mehrwertsteuer auf den Normalpreis beträgt in der Musikhalle 119,59 €, bei Happy music sind es 125,02 €.

10 Beim Trekkingbike macht der gesparte Betrag 33,4 % aus, beim MTB-Fully sind es 22,3 %.

3 Zinsrechnung

Seite 86

Einstiegsaufgabe
→ Bianca könnte den Betrag auf einem sog. Tagesgeldkonto anlegen oder einen Sparvertrag abschließen.
→ Legt man Geld bei einer Bank an, so erhält man Zinsen.
→ Man kann das Geld auf ein Konto oder ein Sparbuch einzahlen, man kann festverzinsliche Wertpapiere kaufen, in Aktien investieren oder sich an Fonds beteiligen.

Seite 87

1 a)

Kapital	400 €	650 €	275 €
Zinsen	10 €	16,25 €	6,88 €
Neuer Kontostand	410 €	666,25 €	281,88 €

b)

Kapital	756 €	1345 €	992,40 €
Zinsen	79,38 €	141,23 €	104,20 €
Gesamtbetrag	835,38	1486,23 €	1096,60 €

2 a)

Zinssatz	1,5 %	1,75 %	2 %	2,25 %	2,5 %
Zinsen	7,50 €	8,75 €	10 €	11,25 €	12,50 €

b) Bei einem Zinssatz von 8,5 % zahlt man 425 € Zinsen, bei einem Zinssatz von 10,75 % sind es 537,50 € Zinsen. Die Differenz beträgt 112,50 €.

3

Zinsen	5 €	4,50 €	7,50 €	11,38 €
Kapital	200 €	180 €	300 €	455,20

4 Zinsen in Höhe von 212,50 € entsprechen einem Zinssatz von 4,25 %, Zinsen von 235 € entsprechen 4,7 % und 250 € Zinsen entsprechen einem Zinssatz von 5 %.

5 Sie muss zu Beginn des Jahres 1946,47 € anlegen, um bei einem Zinssatz von 2,75 % auf 2000 € zu kommen.

6 Bei der Bank mit dem geringeren Zinssatz kann sie sich 1250 € leihen, bei der Bank mit dem Zinssatz 8,75 % sind es nur 1142,86 €.

7 Frau Beck erhält 3 % Zinsen, ihr Mann nur 2 %. Wenn Herr Beck sein Geld auch bei der Bank seiner Frau anlegt, erhält er 75 € Zinsen.

Seite 88

> **Sparen und Leihen**
>
> • individuelle Lösungen
> • Stand 12/2005: 1 % bis 1,5 %, abhängig von der Höhe der Spareinlage
>
> • Man ist erst mit 18 Jahren geschäftsfähig, erst dann kann man sich Geld bei der Bank leihen.
> • Wichtig sind ein regelmäßiges Einkommen, Sicherheiten oder Bürgschaften.
> • Die Banken kaufen mit dem Zins für das Guthaben der Kunden das Geld ein, das sie an andere Kunden verleihen. Um Gewinn zu erzielen, muss der Kreditzins höher sein als der Guthabenzins.
> • Die Bank kann längerfristig mit dem Geld arbeiten (s. o.)

8 a) Bei der ersten Bank ist der Zinssatz geringer, aber man hat eine fixe Gebühr von 400 €. Bei der zweiten Bank ist diese Gebühr vom Kreditbetrag abhängig. Je niedriger/höher der Kreditbetrag, desto niedriger/höher ist auch die Gebühr. Der Zinssatz der zweiten Bank ist etwas höher.
b) Nach einem Jahr muss man bei der ersten Bank insgesamt 11 250 € zurückzahlen, bei der zweiten Bank sind es 11 100 €. Trotz des höheren Zinssatzes ist das Angebot der zweiten Bank bei einem 10 000-€-Kredit also günstiger.

9 a) Eurobank: $p\% = 8,5\%$, Stadtbank: $p\% = 9\%$, Firma: $p\% = 8,75\%$.
b) Das Angebot der Eurobank ist am günstigsten, da der Zinssatz dort am geringsten ist.
c) Die Zinsen betragen 850 €.

10 a) 20 000 €-Kredit: $p\% = 5\%$
10 000 €-Kredit: $p\% = 5,5\%$
15 000 €-Kredit: $p\% = 6\%$
b) Ein Gesamtkredit über 45 000 € mit einem Zinssatz von 5,5 % bedeutet Zinsen in Höhe von 2475 €. Das sind 25 € mehr als bei den Einzelkrediten. Familie Hartmann sollte dieses Angebot ablehnen.
c) Geht man davon aus, dass die Familie sich nicht auf das Angebot der Bank einlässt, ergibt sich Folgendes: Zinsen: 2450,00 €, Kreditrückzahlung: 900,00 €, Gesamtbelastung: 3350,00 €.

Geht sie auf das Angebot ein, sind es 2457,00 € Zinsen, 900,00 € Rückzahlung und somit insgesamt 3375,00 €.

d) Wenn die Familie die drei einzelnen Kredite annimmt, ergibt sich folgendes Bild (alle Angaben in €):

Kredit 1

	Restkredit	Zinsen	Abtrag	Gesamt-belastung	Restkredit
1. Jahr	20 000,00	1000,00	400,00	1400,00	18 600,00
2. Jahr	18 600,00	930,00	400,00	1330,00	17 270,00
3. Jahr	17 270,00	863,50	400,00	1263,50	16 006,50
4. Jahr	16 006,50	800,33	400,00	1200,33	14 806,18
5. Jahr	14 806,18	740,31	400,00	1140,31	13 665,87
6. Jahr	13 665,87	683,29	400,00	1083,29	12 582,57

Kredit 2

	Restkredit	Zinsen	Abtrag	Gesamt-belastung	Restkredit
1. Jahr	10 000,00	550,00	200,00	750,00	9250,00
2. Jahr	9250,00	508,75	200,00	708,75	8541,25
3. Jahr	8541,25	469,77	200,00	669,77	7871,48
4. Jahr	7841,48	432,93	200,00	632,93	7238,55
5. Jahr	7238,55	398,12	200,00	598,12	6640,43
6. Jahr	6640,43	365,22	200,00	565,22	6075,21

Kredit 3

	Restkredit	Zinsen	Abtrag	Gesamt-belastung	Restkredit
1. Jahr	15 000,00	900,00	300,00	1200,00	13 800,00
2. Jahr	13 800,00	828,00	300,00	1128,00	12 672,00
3. Jahr	12 672,00	760,32	300,00	1060,32	11 611,68
4. Jahr	11 611,68	696,70	300,00	996,70	10 614,98
5. Jahr	10 614,98	636,90	300,00	936,90	9 678,08
6. Jahr	9 678,08	580,68	300,00	880,68	8 797,40

Summe der Belastungen

	Kredit 1	Kredit 2	Kredit 3	Gesamt-tilgung
1. Jahr	1400,00	750,00	1200,00	3350,00
2. Jahr	1330,00	708,75	1128,00	3166,75
3. Jahr	1263,50	669,77	1060,32	2993,59
4. Jahr	1200,33	632,93	996,70	2829,96
5. Jahr	1140,31	598,12	936,90	2675,33
6. Jahr	1083,29	565,22	880,68	2529,20

Wenn die Familie jedoch das Angebot der Bank (ein einziger Kredit zu einem einheitlichen Zinssatz) annimmt, ergeben sich folgende Rückzahlungen (alle Angaben in €):

Gesamtkredit (Angebot der Bank)

	Kredit	Zinsen	Abtrag	Gesamt-belastung	Rest-kredit
1. Jahr	45 000,00	2475,00	900,00	3375,00	41 625,00
2. Jahr	41 625,00	2289,38	900,00	3189,38	38 435,63
3. Jahr	38 435,63	2113,96	900,00	3013,96	35 421,67
4. Jahr	35 421,67	1948,19	900,00	2848,19	32 573,47
5. Jahr	32 573,47	1791,54	900,00	2691,54	29 881,93
6. Jahr	29 881,93	1643,51	900,00	2543,51	27 338,43

4 Tageszinsen

Seite 89

Einstiegsaufgabe

→ Der von der Bank angegebene Zinssatz ist ein sogenannter Jahreszinssatz. Er wird von der Bank gewährt, wenn die Spareinlage ein ganzes Jahr auf der Bank liegt. Da Natalies Geld aber nur ein halbes Jahr lang verzinst wurde, bekommt sie nur die Hälfte der Zinsen.

Seite 90

1 a) Z = 23,92 €   b) Z = 38 €
c) Z = 75 €

2 a) K = 600 €   b) K = 306,82 €

3 a) p% = 6%   b) p% = 10,83%
c) p% = 4,5%

4 a) $i = \frac{3}{4}$ (Jahr)   b) t = 210 (Tage)
c) t = 137 (Tage)

5 $K = \frac{Z \cdot 100}{p \cdot i}$ $\frac{p}{100} = \frac{Z}{K \cdot i}$ $t = \frac{Z \cdot 36000}{K \cdot p}$

6 Z = 12,83 €
p% = 3,2%
K = 355,43 €
t = 23 (Tage)

7 p% = 2,75%
Marion erhält 35,52 € Zinsen.

Seite 91

Rechnen mit dem Computer

- Individuelle Lösung
- Zins für den Zeitraum vom 20.7. bis 3.8.: 1,07 €
  Zins für den Zeitraum vom 26.8. bis 5.9.: 3,93 €
  Zins für den Zeitraum vom 5.9. bis 15.9.: 0,47 €
  Insgesamt: 5,47 € Sollzinsen
  Kontobewegungen: −1612,50 €; +1356,75 €, −2467,45 €, +1220,30 €, +825,35 €, −565,75 €

8 a) 113 Tage   b) 141 Tage   c) 328 Tage

9 Herr Thelen hätte 101,89 € an Zinsen gespart.

10 a) Es ist günstiger, das Skonto zu nutzen (Differenz: 257 € − 107,08 €).
b) Ab einem Zinssatz von 14,4 % ist es günstiger, das Geld auf der Bank zu lassen.

11 Der Kontoüberzug lohnt sich, da er dafür lediglich 7,61 € zahlen muss.

Üben • Anwenden • Nachdenken

Seite 93

1 a) In der letzten Saison waren es 34039 Zuschauer je Spiel.
b) Es muss nochmals eine Steigerung um rund 3,7 % stattfinden.
c) Im Durchschnitt waren es 24714 Zuschauer in der zweiten Liga.

2 Auf die gesamten Zuschauer bezogen waren 41 % oder 6647 Zuschauer sehr zufrieden, 32 % oder 5188 Zuschauer waren zufrieden, 22,5 % oder 3648 Zuschauer waren nicht zufrieden und keine Meinung hatten 4,5 % oder 730 Zuschauer.
Wenn man davon ausgeht, dass neben den zufriedenen Zuschauern auch die unentschlossenen wiederkommen, so sind dies 30750 Zuschauer.

3 a) Bei einer Verlängerung der Seiten um 10 % ändert sich der Umfang um 10 % und der Flächeninhalt um 21 %. Werden die Seiten verdoppelt, so verdoppelt sich der Umfang ebenfalls und der Flächeninhalt vervierfacht sich.
b) Werden die Kantenlängen des Würfels um 50 % verlängert, so ist die Oberfläche des neuen Würfels 2,25-mal so groß wie vorher und das Volumen ist 3,375-mal so groß.
Werden die Kantenlängen des Würfels um 50 % verkürzt, so ist die Oberfläche des neuen Würfels nur noch 0,25-mal so groß wie vorher; das Volumen verkleinert sich um den Faktor 0,125.

4 a) Y ist 200 % von X, also das Doppelte. In Bruchteilen: $\frac{1}{2} \cdot Y = X$.
b) Wenn X 10 % von Y ist, dann gilt: $X = 0{,}1 \cdot Y$. Somit ist $Y = 10 X$, also nicht 90 % von X, sondern 1000 %.

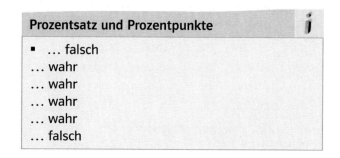

Prozentsatz und Prozentpunkte

- … falsch
- … wahr
- … wahr
- … wahr
- … wahr
- … falsch

Seite 94

5 a) Man darf nicht einfach 35 % abziehen. Die 25 % Rabatt beziehen sich auf den ursprünglichen Preis. Die 10 % Sonderrabatt beziehen sich jedoch auf den bereits reduzierten Preis.
b) Herr Kuhnle muss 201,49 € bezahlen.
c) Dann müsste er genausoviel bezahlen, denn $0{,}9 \cdot 0{,}75 = 0{,}75 \cdot 0{,}9$.

6 Der Händler könnte sogar mit einer Reduzierung von teilweise über 80 % werben.

7 a) Beim Heimtrainer wurde relativ gesehen mehr gespart (20,08 % im Vergleich zu 16,72 % beim Crosstrainer.)
b) Die Preisreduzierung von 30 € entspricht einem Prozentsatz von 30,3 %. Die Aussage ist also richtig.

8 Die Möhren wurden für 96 € verkauft, dem Händler verbleibt ein Gewinn von 16 €. Der Verlust bei den Kartoffeln entspricht 12 €.

9 Unter der Voraussetzung, dass alle Teile gleich viel kosten, spart man beim ersten Angebot 25 %, beim zweiten Angebot sogar 33,33 %.

10 Die Angebote A und C sind gleich gut, man spart dabei 10,75 % vom Listenpreis.

11 Der Verkäufer erleidet einen Gesamtverlust von 303,04 €, da sich der Gewinn nicht mit dem Verlust aufhebt.

12 a) Bei der ersten Tankstelle kostete der Liter 1,11 €, bei der zweiten Tankstelle zahlte er 1,07 € je Liter. Damit hat sich der Preis um 3,6 % verbilligt.
b) Sein Verbrauch hat sich von 7,55 l/100 km auf 7,22 l/100 km verringert, dies entspricht einem Prozentsatz von rund 4,4 %.

13 Die Prozentangaben dürfen nicht einfach addiert werden, da sie sich auf die unterschiedlichen Heizkosten beziehen. Wenn man Herrn Spahr folgt, könnte man die Heizkosten durch Modernisierung auf Null senken.

14 Es macht keinen Unterschied, ob man zuerst das Skonto und dann den Rabatt abzieht oder umgekehrt.

Seite 95

15 a) Die gestaffelte Steigerung ergibt einen Gesamtprozentsatz von 71,6 % und ist somit günstiger als die einmalige Steigerung um 70 %.
b) Eine fünfmalige Erhöhung um 10 % entspricht einer Steigerung um 61,05 % und ist daher besser als eine einmalige Steigerung um 60 %.

16 Bei einer Teilnehmeranzahl von 20 Personen sind beide Angebote gleich gut. Bei 30 Teilnehmern ist Wandervogel mit drei Freiplätzen besser als Travel mit zwei Freiplätzen.

17 a) Die Ersparnis beträgt 25 %.
b) Die prozentuale Ersparnis wird geringer (20 % bei „Nimm 5, zahl 4" gegenüber 16,7 % bei „Nimm 6, zahl 5").

18 Der Spar-Kredit ist insgesamt um 25 € teurer als der Bar-Kredit.

19 Zahlt man in Raten, so kostet der Rasenmäher 431,28 €. Dies entspricht Zinsen von 82,28 € bzw. einem Zinssatz von 23,58 %.

20 Katjas Guthaben beträgt 3000 €.

Erstaunliche Leistung

- Der Weltrekord wurde um 20,7 % verbessert.
- Theoretisch ist das zwar möglich, aber grundsätzlich besteht kein proportionaler Zusammenhang zwischen Lebensalter und Laufgeschwindigkeit.
- Bei dieser Steigerung läge der neue Weltrekord bei 7,76 Sekunden.

Seite 96

Sparen – Jahr für Jahr

- individuelle Lösung
- Nach sechs Jahren hat er 1964,23 €.
- Im achten Jahr hat er erstmals mehr als 2500 €.
- Nach 10 Jahren hat er insgesamt 445,04 € Zinsen erhalten.
Formel: $Z = 300 \cdot (1{,}025^{10} + 1{,}025^{9} + 1{,}025^{8} + \ldots + 1{,}025^{2} + 1{,}025)\,€ - 10 \cdot 300\,€$

- **Entwicklung des Kapitals**

- **Entwicklung der Zinsen**

- individuelle Lösung

- **Verdoppelte Einzahlung**

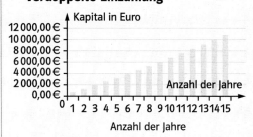

- **Verdoppelte Zinsen**

21 Nach einem Jahr hat Fatih 707 € auf seinem Sparbuch, Serpil hat 661,38 € und Merve besitzt dann 587,94 €.

22 a) Im Monat sind es 2% Zinsen.
b) Die Jahreszinsen betragen dann 1200 €, dies entspricht einem Zinssatz von 24%.
c) Die niedrigen Monatszinsangaben erscheinen dem Kunden attraktiv. Aus Gründen der Transparenz wird der Jahreszinssatz angegeben, da Kredite oftmals eine längere Laufzeit haben.

23 Marlene hat am Ende des Jahres ein Guthaben von 527,82 €.

24 a) Das Vermögen müsste 61 538 461,54 € betragen, wenn die Preisgelder nur aus den Zinserträgen bezahlt werden sollen.
b) Der Zinssatz betrug 8,42%.
c) Alfred Nobel, geb. 21.10.1833 in Stockholm, gest. 10.12.1896 in San Remo. Es gibt u.a. Nobelpreise für Physik, Chemie, Medizin, Literatur, Frieden, Wirtschaftswissenschaften …

5 Zufall und Wahrscheinlichkeit

Auftaktseite: Glück gehabt

Seiten 98 und 99

Hölzchen ziehen
Es ist egal, ob man als Erstes, Zweites oder Drittes zieht. Die Wahrscheinlichkeit, das kurze Hölzchen zu ziehen, liegt immer bei $\frac{1}{3}$.

Gruppenaufgabe: individuelle Lösungen

Prozentwerte der abgebildeten Tabelle:

Anzahl der Versuche	1.	2.	3.
30	23,3	40	36,7
60	30	31,7	38,3
90	34,4	31,1	34,4
120	33,3	31,7	35
…	…	…	…

Spiele
Skat: 32 verschiedene Karten (je 8 verschiedene Herz, Pik, Karo, Kreuz jeweils 7 bis 10 sowie Ass, Bube, Dame, König)
Rommee: 110 Karten (je zweimal 52 Karten plus 6 Joker; die 52 Karten enthalten von Herz, Pik, Karo, Kreuz jeweils die 2 bis 10 sowie Ass, Bube, Dame, König)
Elferraus: 80 Karten (Zahlen 1 bis 20 in den vier verschiedenen Hauptfarben Gelb, Rot, Grün und Blau)
Doppelkopf: 40 verschiedene Karten (je zweimal Herz, Pik, Karo, Kreuz als 10, Ass, Bube, Dame, König)
Schwarzer Peter: meistens 31 Karten (15 Kartenpaare und der „Schwarze Peter")

Mensch ärgere Dich nicht; Die Siedler von Catan; Monopoly, Backgammon etc.

Roulette: Auf einer Scheibe sind die Zahlen von 0 bis 36 in gleich große Felder eingeteilt. Die Scheibe wird in eine Richtung gedreht, eine Kugel in die andere. Das Feld mit der Zahl, in der die Kugel letztendlich liegen bleibt, gewinnt.

1 Zufallsversuche

Seite 100

Einstiegsaufgabe
→ individuelle Lösung
→ Marco meint, dass man den Ausgang des Spiels nicht vorhersagen und auch nur schwer beeinflussen kann (eventuell durch die Drehgeschwindigkeit des Bleistifts und die Ausgangsposition).
→ Lotto: Kugeln werden aus einer Urne gezogen; Tombola: Lose werden gezogen; Glücksrad: das Rad wird gedreht.

1 a) Zahlen 1 bis 6; zufällig.
b) Die Flamme erlischt; nicht zufällig.
c) Wasser läuft; nicht zufällig (es sei denn, es liegt ein Leitungsdefekt vor)
d) Es wird eine der 32 Karten gezogen, z. B. das Kreuz-Ass; zufällig (man kann nicht vorhersagen, welche Karte man zieht).
e) Zweimal Kopf oder zweimal Zahl oder einmal Kopf und einmal Zahl; zufällig.

2 a) Man zieht ein langes oder man zieht das kurze Streichholz.
b) Man erhält eine Zahl zwischen 1 und 8.
c) Man erhält ein Zahlenpaar, dessen Werte jeweils aus den Zahlen 1 bis 6 besteht.

3 Die Streichhölzer, da es vier Stück davon gibt. Wer das kurze zieht, muss zuerst suchen.
Man kann auch die anderen Zufallsgeräte benutzen. Es muss dann derjenige suchen, der (je nach Vereinbarung) die niedrigste oder höchste Zahl würfelt, dreht oder zieht. Man muss dann möglicherweise neu würfeln oder drehen, falls zwei Personen die gleiche höchste oder niedrigste Zahl haben.

Seite 101

4 a) Münze (Kopf/Zahl) oder zwei Streichhölzer (lang/kurz)
b) Sieben nummerierte Karten (von 1 bis 7) oder wahlweise sieben Karten aus einem Skatspiel, wobei man dann die Startreihenfolge nach der Wertfolge der Karten festlegen kann.
c) Sechs nummerierte Karten (von 1 bis 6), wobei jede Zahl der Bahn entspricht.

5 a) Glücksspiel: Würfel
b) kein Glücksspiel
c) kein Glücksspiel
d) kein Glücksspiel, der Zufall spielt zwar beim Ausgeben der Karten eine Rolle, aber über den Ausgang des Spiels entscheidet kein Zufallsgerät.
e) Glücksspiel: Kugel
f) Glücksspiel: Lostrommel/Kugeln
g) kein Glücksspiel, der Zufall spielt nur beim Austeilen der Dominosteine eine Rolle.
h) Glücksspiel: Karte.

Schülerbuchseite 101–104

Glücksräder

- Spielverlauf individuell.
- Bei der 1. Spielvariante ist es ein faires Spiel, d.h., jeder hat die gleiche Chance. Bei der 2. Spielvariante ist der Spieler, der bei Rot gewinnt, im Vorteil, da es vier rote, aber nur drei blaue Felder gibt.
- Die Farben Gelb und Violett haben die größten Gewinnchancen, da ihre Auflagefläche größer ist und es daher wahrscheinlicher ist, dass das Glücksrad auf ihnen liegen bleibt.
- Überprüfen kann man die Gewinnaussichten, indem man das Spiel sehr oft durchführt und jeweils notiert, welche Farbe gewinnt.
- Man kann unter einer bestimmten Zahl oder Farbe ein kleines Gewicht anbringen. Damit erhöht man die Chance, dass diese gewinnt.

2 Wahrscheinlichkeiten

Seite 102

Einstiegsaufgabe

→ Beide haben Recht, da in beiden Socken jeweils eine rote und eine gelbe Kugel ist.
→ Jan hat eine größere Chance, da in seinen Socken insgesamt nur drei Kugeln sind. Bei Larissa sind es fünf. Die Wahrscheinlichkeit bei Jan beträgt ein Drittel, bei Larissa ein Fünftel.

Seite 103

1 a) $\frac{1}{98}$ b) $\frac{1}{32}$ c) $\frac{1}{49}$ d) $\frac{1}{48}$

2 a) Im Lotto, denn $\frac{1}{99} < \frac{1}{49}$.
b) Beim Glücksrad, denn $\frac{1}{5} > \frac{1}{6}$.
c) Beim Skatspiel, denn $\frac{1}{32} > \frac{1}{37}$.
d) In einem Schaltjahr, denn $\frac{1}{7} < \frac{1}{4}$.
e) individuelle Lösungen

3 a) $\frac{1}{44}$ (5 der 49 Kugeln sind schon gezogen)
b) $\frac{1}{43}$ (6 der 49 Kugeln sind schon gezogen)

4 Die Wahrscheinlichkeit für die richtige letzte Ziffer ist $\frac{1}{10}$ (Anzahl der Ziffern von 0 bis 9 gleich 10). Die Wahrscheinlichkeit für die beiden letzten richtigen Ziffern ist $\frac{1}{100}$ (denn es können die Ziffernfolgen 00 bis 99 auftreten) für die drei letzten Ziffern ist $\frac{1}{1000}$ (000 bis 999).

5 a) $\frac{1}{4}$
b) Arno kann keinen, einen, zwei, drei oder vier Gewinne haben. Die Wahrscheinlichkeit sagt nichts über das reale Ergebnis des Zufallsversuchs aus.
c) Je nach Anzahl der in der Lostrommel enthaltenen Gewinnlose könnten unter Petras Losen zwischen einem und acht Gewinnlose sein. Sie kann aber auch kein einziges Gewinnlos ziehen. Begründung siehe b).

6 a) $\frac{1}{5}$ (da drei der acht Kugeln weg sind)
b) $\frac{1}{8}$ (da bei jedem Zug wieder alle acht Kugeln im Strumpf sind)

7 a) Vermutlich ist rot am häufigsten vertreten $\left(\frac{263}{580} \approx 45\%\right)$.
b) Gelb $\left(\frac{61}{580} \approx 11\%\right)$ und blau $\left(\frac{57}{580} \approx 10\%\right)$ scheinen annähernd gleich oft vertreten zu sein.
c) Es wäre möglich, dass es noch eine andersfarbige Kugel gibt. Es müssten dann aber sehr viele Kugeln sein, da sonst bei 580 Zügen diese andersfarbige Kugel mit großer Wahrscheinlichkeit mindestens einmal gezogen wird.

8 a) Von den drei verbleibenden Flächen könnten zwei blau und eine rot sein (blau und rot sind gleich wahrscheinlich).
b) Von den drei verbleibenden Flächen könnten zwei rot und eine blau sein $\left(\text{Wahrscheinlichkeit für Blau} \approx \frac{1}{3}, \text{für Rot} \approx \frac{2}{3}\right)$.
c) Die übrigen drei Flächen könnten rot sein $\left(\text{Wahrscheinlichkeit für Blau} \approx \frac{1}{6}, \text{für Rot} \approx \frac{5}{6}\right)$.

9 Münzwurf (Kopf/Zahl); Würfeln (2 Flächen rot, 2 Flächen blau, 2 Flächen gelb); Kartenspiel (aus vier Damen die Herz-Dame ziehen); Ziehung einer roten Kugel aus Karton mit 8 verschiedenfarbigen Kugeln; Wurf eines Dodekaeders (Werfen der 1 bei durchnummerierten Flächen); Los ziehen (37 Lose in einer Urne, davon ist ein Gewinnlos); Lotto (als erste Kugel wird die 5 gezogen).

Randspalte
Den 29. Februar gibt es nur alle vier Jahre, das heißt alle 1461 Tage. Daher ist die Wahrscheinlichkeit $\frac{1}{1461}$.

3 Ereignisse

Seite 104

Einstiegsaufgabe

→ Angelika hat die größere Chance, da sie mit den Würfen 3, 4, 5 oder 6 ihren Stein ins Haus bringen kann, Dirk dagegen kann nur mit den Würfen 4, 5 oder 6 einen Stein in Sicherheit bringen.

1 a) $\frac{4}{20} = \frac{1}{5}$ b) $\frac{11}{20}$
c) $\frac{0}{20} = 0$ (Nummerierung des Ikosaeders von 1 bis 20)

2 Es gibt, nachdem Ina schon eine Kugel gezogen hat, noch insgesamt 85 Kugeln, damit ist die Wahrscheinlichkeit für Laura, eine rote Kugel zu ziehen, gleich $\frac{18}{85}$.

Seite 105

3 a) P(rot) = $\frac{12}{25}$ = 48%
b) P(weiß) = $\frac{5}{25} = \frac{1}{5}$ = 20%
c) P(blau) = $\frac{8}{25}$ = 32%
d) Die Summe der Wahrscheinlichkeiten ist gleich 1 = 100%, denn es ist das sichere Ereignis, entweder eine rote, eine weiße oder eine blaue Kugel zu ziehen.

4 a) P(ICH und WIR) = $\frac{4}{6} = \frac{2}{3}$
b) P(DU und WIR) = $\frac{2}{3}$
c) P(WIR) = $\frac{2}{6} = \frac{1}{3}$

5 a) $\frac{3}{8}$ b) $\frac{4}{8} = \frac{1}{2}$ c) $\frac{7}{8}$
d) $\frac{1}{8}$ e) $\frac{1}{8}$

6

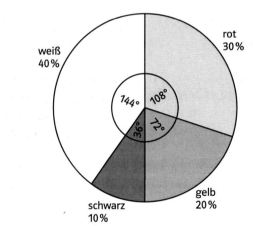

Annahme: Die übrigen 40% sind z. B. weiß.

7 a) Es werden mindestens fünf Fäden benötigt: 1 Gewinnfaden (CD), 4 Attrappen-Fäden, so dass die Chance $\frac{1}{5}$ = 20% beträgt.
b) Bei 75 Fäden müssen 15 mit CDs und die übrigen 60 mit Attrappen bestückt sein.
c) Es müssen insgesamt 50 Fäden sein, also 40 Attrappen.

8 Von den drei anderen Flächen sind zwei rot und eine blau.

9 a) $\frac{1}{6}$ b) $\frac{3}{6} = \frac{1}{2}$ c) $\frac{1}{6}$
d) Spielsituation:

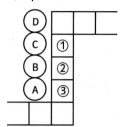

Bei folgenden Situationen gelangt man mit der Wahrscheinlichkeit $\frac{1}{3}$ ins Haus.

Stellung	besetzte Felder im Haus	unbesetzte Felder im Haus	benötigte Augenzahl
①	–	A, B	5, 6
②	A	B, C	5, 6
②	B	A, C	4, 6
②	C	A, B	4, 5
③	A, B	C, D	5, 6
③	A, C	B, D	4, 6
③	A, D	B, C	4, 5
③	B, C	A, D	3, 6
③	B, D	A, C	3, 5
③	C, D	A, B	3, 4

Nicht genannte Felder haben keinen Einfluss auf das Ergebnis. Sie können frei oder besetzt sein.

Wahrscheinlichkeit im Alltag

- Die Wahrscheinlichkeit beträgt 50%.
- Das sichere Ergebnis hat eine Wahrscheinlichkeit von 100%. Eine Sicherheit über 100% gibt es nicht!
- Er ist in einer aussichtslosen Situation.
- Die Wahrscheinlichkeit ist gleich 100% = 1, d.h. sicheres Ereignis.
- Die Chancen stehen gleich, d.h. Wahrscheinlichkeit gleich 50%.
- Die Wahrscheinlichkeit für einen Sechser im Lotto ist mit $\frac{1}{13\,983\,816}$ sehr klein, man meint damit also ein besonders glückliches Ereignis.
- Es besteht eine minimale Unsicherheit.
- Die Wahrscheinlichkeit beträgt 0%.
- Die Wahrscheinlichkeit beträgt 100%, weil die Bank von England angeblich so gut gesichert ist.
- 100% Kostendeckung: Bei Unfall oder Krankheit werden alle Kosten übernommen.

Seite 106

BINGO

- individuelle Lösungen
- individuelle Lösungen
- Die größte Chance hat Bernd (5 Felder), die kleinste Chance hat Ahmed (1 Feld). Jan hat keine Chance, bei der nächsten gezogenen Zahl zu gewinnen.
- Jan: 0 %; Katharina: $\frac{3}{12} = \frac{1}{4} = 25\,\%$; Julia: $\frac{3}{12} = \frac{1}{4} = 25\,\%$; Bernd: $\frac{5}{12} \approx 42\,\%$; Ahmed: $\frac{1}{12} \approx 8{,}3\,\%$.
- Jan: $\frac{2}{11} \approx 18{,}2\,\%$; Katharina: $\frac{5}{11} \approx 45{,}5\,\%$; Julia: $\frac{4}{11} \approx 27{,}3\,\%$; Bernd: $\frac{5}{11} \approx 45{,}5\,\%$; Ahmed: $\frac{3}{11} \approx 27{,}3\,\%$.
- Bei der Zahl 11 gewinnt niemand. Die Wahrscheinlichkeit dafür ist gleich $\frac{1}{11} \approx 9{,}1\,\%$.

4 Schätzen von Wahrscheinlichkeiten

Seite 107

Einstiegsaufgabe

→ Die Wahrscheinlichkeit, eine Sechs zu werfen, lässt sich beim Würfel $\left(\frac{1}{6}\right)$ und beim Dodekaeder $\left(\frac{1}{12}\right)$ leicht bestimmen. Bei der Streichholzschachtel und beim Lego-Stein ist dies schwieriger.

→ Wenn man davon ausgeht, dass die Flächen für die 1 und 6 etwa doppelt so groß sind wie die Seiten für die 2 und 5 und diese wiederum ca. 3-mal in die Fläche für die 3 und 4 passt, ergeben sich folgende geschätzte Wahrscheinlichkeiten: je $\frac{1}{18}$ für die 2 und 5, je $\frac{2}{18} = \frac{1}{9}$ für die 1 und 6 und je $\frac{6}{18} = \frac{1}{3}$ für die 3 und 4.

Beim Lego-Stein verhalten sich die Flächen für die 2 und 5 zu den Flächen für die 1 und 6 zu den Flächen für die 3 und 4 in etwa wie 1:2:4. Damit ergeben sich folgende geschätzte Wahrscheinlichkeiten: je $\frac{1}{14}$ für die 2 und 5, je $\frac{2}{14} = \frac{1}{7}$ für die 1 und 6 und je $\frac{4}{14} = \frac{2}{7}$ für die 3 und 4. Erschwerend kommt jedoch hinzu, dass der Lego-Stein nicht vollständig symmetrisch ist, da auf der Vierer-Fläche die Noppen sind, auf der Dreier-Fläche sind die Löcher. Es ist daher zu erwarten, dass die Drei etwas häufiger erscheint als die Vier.

Seite 108

1 a) ca. $\frac{1}{10} = 10\,\%$.
b) individuelle Lösung. Je mehr Telefonnummern herausgesucht werden, desto besser stimmt die relative Häufigkeit mit den 10 % überein.

2 Zum symmetrischen Würfel 1 gehört die Schätzung B, da jede Seite mit der gleichen Wahrscheinlichkeit auftritt. Zum Würfel 3 gehört Schätzung C, da dieser Würfel vier gleich große Seiten hat (Augenzahlen 2, 3, 4, 5), deren Wahrscheinlichkeiten gleich sind. Die beiden anderen Seiten (Augenzahlen 1, 6) haben eine etwa halb so große Fläche. Zum Würfel 2 gehört demnach Schätzung A; jeweils zwei Seiten sind gleich groß und haben die gleiche Wahrscheinlichkeit.

3 Man führt einen Zufallsversuch mit diesem Würfel durch. Wichtig ist eine große Anzahl von Würfen (z. B. 1000). Die relative Häufigkeit für die einzelnen Augenzahlen muss ca. $\frac{1}{6}$ betragen.

4 Individuelle Lösungen; fasst man die Ergebnisse der Klasse zusammen, erhält man für das Ergebnis Kopf eine Wahrscheinlichkeit von etwa zwei Drittel, für Seite entsprechend etwa ein Drittel.

5 a) absolute Häufigkeit
b) relative Häufigkeit
c) relative Häufigkeit
d) absolute Häufigkeit
e) Wahrscheinlichkeit
f) relative Häufigkeit

6 relative Häufigkeiten für verwandelte Elfmeter:
Jochen: $\frac{17}{29} \approx 58{,}6\,\%$; Philipp: $\frac{20}{36} \approx 55{,}6\,\%$; Soufian: $\frac{12}{17} \approx 70{,}6\,\%$; Rico: $\frac{23}{40} = 57{,}5\,\%$; Daniel: $\frac{19}{30} \approx 63{,}3\,\%$.
Der Trainer sollte sich zwischen Daniel und Soufian entscheiden. Gegen Soufian spricht, dass er erst insgesamt 17 Elfmeter-Schüsse gemacht hat. Daher kann es sein, dass er bislang einfach nur viel Glück hatte.

7 a) $\frac{11}{2000} = 0{,}55\,\%$ der Geräte waren defekt.
b) Bei einer Testreihe von 2000 Geräten entspricht dies einer absoluten Häufigkeit von 10 defekten Geräten.
c) $\frac{35}{5000} = 0{,}7\,\%$.

8 a) Sein Risiko beträgt 2 %.
b) Ihr Risiko beträgt ebenfalls 2 %, da die Fernreisen unabhängig voneinander sind.
c) Das Reisebüro muss damit rechnen, dass in 40 Fällen die Reisenden erkranken.

Üben • Anwenden • Nachdenken

Seite 110

1 a) $\frac{3}{12} = \frac{1}{4} = 25\%$ b) $\frac{6}{12} = \frac{1}{2} = 50\%$
c) $\frac{6}{12} = 50\%$ d) 0%

2 a) 12 von 24 Flächen oder 6 von 12 Flächen
(bei doppelt so großen Flächen)
b) 6 von 24 Flächen oder 2 von 8 Flächen
(bei dreimal so großen Flächen)
c) 8 von 24 Flächen oder 4 von 12 Flächen
(bei doppelt so großen Flächen)
d) 9 von 24 Flächen oder 6 von 16 Flächen
(bei $1\frac{1}{2}$-mal so großen Flächen)
e) 10 von 24 Flächen oder 5 von 12 Flächen
(bei doppelt so großen Flächen)

3 a) $\frac{5}{100} = 5\%$ b) $\frac{6}{100} = 6\%$
c) $\frac{21}{100} = 21\%$ d) $\frac{79}{100} = 79\%$
e) Der Nenner verkleinert sich jeweils um 5 auf 95;
d.h. a) $\frac{5}{95} \approx 5{,}3\%$; b) $\frac{6}{95} \approx 6{,}3$; c) $\frac{21}{95} \approx 22{,}1\%$;
d) $\frac{74}{95} \approx 77{,}9\%$.

4 Mögliche Ereignisse sind: eine rote Kugel ziehen (Kugel 1; 2; 10; 12); eine Kugel ziehen, deren Nummer durch 3 teilbar ist (3; 6; 9; 12) oder eine weiße Kugel ziehen, deren Nummer eine Primzahl ist (3; 5; 7; 11).

5 a) Man sollte die Lose beim dritten Losverkäufer kaufen, da dort die Wahrscheinlichkeit für einen Gewinn am größten ist $\left(\frac{2}{60} = \frac{1}{30} \approx 3{,}3\%\right)$.
b) Er sollte nun zum ersten Losverkäufer gehen, da dieser eine Gewinnwahrscheinlichkeit von $\frac{3}{120} = 2{,}5\%$ bietet. Der zweite Losverkäufer bietet nur $\frac{4}{180} \approx 2{,}2\%$, beim dritten ist die Gewinnwahrscheinlichkeit nur noch $\frac{1}{55} \approx 1{,}8\%$. Immer wird vorausgesetzt, dass kein anderer Besucher schon Gewinnlose gezogen hat!

6 Es wird das sichere Ereignis beschrieben (Wetteränderung oder gleiches Wetter). Somit ist die Aussage zwar richtig, aber völlig nutzlos!

7 Die Wahrscheinlichkeit ist gleich 1. Zwischen dem 24.12. und dem 31.12. liegt genau eine Woche.

8 Diese Wahrscheinlichkeit ist gleich 0, da der April nur 30 Tage hat!

Ungünstige Ergebnisse

- Vera erkennt die Wahrscheinlichkeit, das gelbe Feld zu erhalten und subtrahiert diese von 1. Rechnung: $1 - \frac{1}{16} = \frac{15}{16}$.
- Wahrscheinlichkeit für „Produkt ist kleiner als 32" = 1 − Wahrscheinlichkeit für „Produkt ist größer oder gleich 32" = $1 - \frac{1}{36} = \frac{35}{36}$.
Wahrscheinlichkeit für „Produkt ist gerade"
= 1 − (Wahrscheinlichkeit für 1, 3, 5, 9, 15 oder 25)
= $1 - \left(3 \cdot \frac{1}{18} + 3 \cdot \frac{1}{36}\right) = 1 - \frac{1}{4} = \frac{3}{4}$.
Wahrscheinlichkeit für „Produkt ist nicht durch 10 teilbar" = $1 - \left(\frac{1}{18} + \frac{1}{18} + \frac{1}{18}\right) = \frac{15}{18}$.
Wahrscheinlichkeit für „Produkt ist größer als 5"
= 1 − Wahrscheinlichkeit für „Produkt ist kleiner oder gleich 5" = $1 - \left(\frac{1}{36} + 3 \cdot \frac{1}{18} + \frac{1}{12}\right) = 1 - \frac{5}{18} = \frac{13}{18}$.

Seite 111

9 a) $\frac{7}{25} = 28\%$ b) $\frac{7}{20} = 35\%$
c) in a) $\frac{5}{25} = 20\%$; in b) $\frac{5}{20} = 25\%$.

10 Anfangs lagen 10 Kugeln in der Urne. Davon waren 5 gelb, die anderen 5 hatten eine andere Farbe.

11 a) In der Dose sind fünf 2-€-Münzen, zehn 1-€-Münzen und zwanzig 0,5-€-Münzen. Für 0,5-€-Münzen ist die Wahrscheinlichkeit mit $\frac{20}{35}$ am größten.
b) Für absolut gleiche Wahrscheinlichkeit muss die Anzahl der Münzen aller Münzsorten gleich sein. Klaus muss noch fünfzehn 2-€-Münzen und zehn 1-€-Münzen sparen. Das sind zusammen 40 €.

12 a) Je größer die Testreihe, d.h. je mehr Versuche durchgeführt werden, desto stärker nähern sich die relativen Häufigkeiten den erwarteten Wahrscheinlichkeiten (je 12,5%).
b) Die Felder des Glücksrades sind deshalb vermutlich gleich groß.

Regenwahrscheinlichkeit

- „30% Regenwahrscheinlichkeit" bedeutet: An 30 von 100 Tagen, an denen die Wetterverhältnisse so sind wie heute, würde es Regen geben. 0% bedeutet entsprechend, dass es auf keinen Fall regnet, 100%, dass es mit Sicherheit regnen wird.
- Bei einem 14-tägigen Urlaub mit 20% Regenwahrscheinlichkeit hat man – im Durchschnitt – knapp drei Tage Regen. Abweichungen sind aber in jedem Urlaub möglich!

Seite 112

Zufallsversuche mit dem Computer

=GANZZAHL(ZUFALLSZAHL()*6+1) heißen:
=ZÄHLEWENN(A3:O10;2)
- =ZUFALLSZAHL()*6 liefert Zufallszahlen größer gleich 0 und kleiner als 6;
(ZUFALLSZAHL() liefert Zufallszahlen größer gleich 0 und kleiner als 1.
=GANZZAHL(ZUFALLSZAHL()*6) liefert ganze Zufallszahlen zwischen 0 und 5 (d.h. die Werte 0, 1, 2, 3, 4, 5);
=GANZZAHL(ZUFALLSZAHL()*6+1) liefert ganze Zufallszahlen zwischen 1 und 6 (d.h. die Werte 1, 2, 3, 4, 5, 6).
- Das Ergebnis entspricht in etwa der Erwartung, dass alle Zahlen mit der gleichen Wahrscheinlichkeit vorkommen. Lässt man den Computer mehr als die simulierten 120-mal würfeln, gleicht sich die relative Häufigkeit immer mehr der Wahrscheinlichkeit von $\frac{1}{4}$ an.
- Der zugehörige Befehl lautet:
=GANZZAHL(ZUFALLSZAHL()*6+1).
- Der zugehörige Befehl lautet:
=GANZZAHL(ZUFALLSZAHL()*9+1); dies entspricht einer Nummerierung der Felder von 1 bis 9.
- Der zugehörige Befehl lautet:
=GANZZAHL(ZUFALLSZAHL()*37).
- Der zugehörige Befehl lautet:
=GANZZAHL(ZUFALLSZAHL()*n+m), wobei man für m und n die entsprechenden Zahlen einsetzt.

6 Prismen und Zylinder

Auftaktseite: Ein Schnitt – zwei Prismen

Seite 114 und 115

Wir bauen einen Quader um
Man erhält Körper, deren Oberfläche aus Rechtecken oder aus Rechtecken und zwei anderen Flächen bestehen. Diese beiden anderen Flächen sind identisch und liegen sich genau gegenüber.

Die Erbsen passen in die Dose oben links, die Cola in die Getränkedose in der Mitte und die Sardinen in die Fischdose oben rechts.

Mehr Wasser!
- In Wanne 3 ist am meisten Wasser, da sie am Boden breiter ist.
  Gießt man das Wasser aus Wanne 2 in Wanne 3, so läuft diese über.
- Gießt man das Wasser aus Wanne 2 in Wanne 1, so passt alles hinein.
- Mögliche weitere Fragen:
  Was passiert, wenn man das Wasser aus Wanne 3 in Wanne 2 gießt?
  Welche Wasseroberfläche ist am kleinsten, wenn alle Wannen zu einem Drittel gefüllt sind? Passt dann das Wasser aus allen drei Wannen in Wanne 1?
- Graph A gehört zu Wanne 2.
  Graph B gehört zu Wanne 3.
  Graph C gehört zu Wanne 1.

1 Quader und Würfel

Seite 116

Einstiegsaufgabe
→ Würfel mit
2 cm Kantenlänge: 8 kleine Würfel
3 cm Kantenlänge: 27 kleine Würfel
4 cm Kantenlänge: 64 kleine Würfel
5 cm Kantenlänge: 125 kleine Würfel
6 cm Kantenlänge: 216 kleine Würfel
7 cm Kantenlänge: 343 kleine Würfel
8 cm Kantenlänge: 512 kleine Würfel
9 cm Kantenlänge: 729 kleine Würfel
10 cm Kantenlänge: 1000 kleine Würfel
→ Würfel mit
1 cm Kantenlänge: 6 1-cm-Quadrate
2 cm Kantenlänge: 24 1-cm-Quadrate
3 cm Kantenlänge: 54 1-cm-Quadrate
4 cm Kantenlänge: 96 1-cm-Quadrate
5 cm Kantenlänge: 150 1-cm-Quadrate
6 cm Kantenlänge: 216 1-cm-Quadrate
7 cm Kantenlänge: 294 1-cm-Quadrate
8 cm Kantenlänge: 384 1-cm-Quadrate
9 cm Kantenlänge: 486 1-cm-Quadrate
10 cm Kantenlänge: 600 1-cm-Quadrate
Man muss nicht abzählen. Man multipliziert die Kantenlänge mit sich selbst und anschließend mit sechs. So erhält man die Anzahl der 1-cm-Quadrate.
→ In den blauen Quader passen 120 kleine Würfel, da der Würfel aus 5 Schichten und jede Schicht aus 24 kleinen Würfeln besteht. Sein Netz enthält 148 1-cm-Quadrate.

Seite 117

1 a) $V = 64\,cm^3$; $O = 96\,cm^2$
b) $V = 1728\,cm^3$; $O = 864\,cm^2$
c) $V = 3375\,cm^3$; $O = 1350\,cm^2$
d) $V = 216\,dm^3$; $O = 216\,dm^2$
e) $V = 91{,}125\,cm^3$; $O = 121{,}5\,cm^2$
f) $V = 0{,}125\,m^3$; $O = 1{,}5\,m^2$

2 a) $V = 315\,cm^3$; $O = 286\,cm^2$
b) $V = 162\,cm^3$; $O = 207\,cm^2$
c) $V = 4{,}2\,dm^3$; $O = 24{,}2\,dm^2$
d) $V = 1000\,dm^3$; $O = 730\,dm^2$
e) $V = 33{,}6\,cm^3$; $O = 97\,cm^2$
f) $V = 10\,648\,cm^3$; $O = 2904\,cm^2$

3 a) $a = 10\,cm$ b) $3\,cm$
c) $5\,cm$ d) $6\,cm$

4 a) $c = 12\,cm$ b) $b = 9\,dm$ c) $a = 10\,cm$

5 a) $c = 4\,cm$ b) $c = 6\,cm$ c) $c = 3{,}5\,cm$

6 $100\,000\,cm \cdot 100\,cm \cdot 0{,}1\,cm = 1\,000\,000\,cm^3$
$1\,000\,000 \cdot 0{,}5\,g = 500\,000\,g = 500\,kg$
Du kannst die Folie nicht tragen!

7 a) $O_{Würfel} = 600\,cm^2$; $O_{eines\,Teils} = 400\,cm^2$;
$O_{beider\,Teile} = 800\,cm^2$
Es kommt je Schnitt zweimal die Grundfläche des Würfels hinzu (also $200\,cm^2$).
b) $O_{eines\,Teils} = 250\,cm^2$; $O_{aller\,Teile} = 1000\,cm^2$
Es kommt je Schnitt zweimal die Grundfläche des Würfels hinzu (also $400\,cm^2$).
c) $O_{eines\,Teils} = 150\,cm^2$; $O_{aller\,Teile} = 1200\,cm^2$
Es kommt je Schnitt zweimal die Grundfläche des Würfels hinzu (also $600\,cm^2$).
d) $O_{eines\,Teils} \approx 2{,}54\,cm^2$; $O_{aller\,Teile} = 2600\,cm^2$
Es kommt je Schnitt zweimal die Grundfläche des Würfels hinzu (also $2000\,cm^2$).

8 a) $O = 2 \cdot 6a^2 - 2a^2 = 10a^2$
b) $O_{\text{drei Würfel}} = 3 \cdot 6a^2 - 4a^2 = 14a^2$
$O_{\text{vier Würfel}} = 4 \cdot 6a^2 - 6a^2 = 18a^2$
$O_{\text{fünf Würfel}} = 5 \cdot 6a^2 - 8a^2 = 22a^2$

9 a) $O_{\text{blau}} = 6a^2$; $O_{\text{rot}} = 6 \cdot (5a)^2 = 6 \cdot 25 \cdot a^2 = 150a^2$
→ 25-mal so groß
$V_{\text{blau}} = a^3$; $V_{\text{rot}} = (5a)^3 = 125a^3$ → 125-mal so groß
b) Die Kanten sind doppelt so lang.
Die Oberfläche ist 4-mal so groß.
c) Die Kanten sind dreimal so lang.
Das Volumen ist 27-mal so groß.

Seite 118

10 a)

	Oberfläche	Volumen
Butter	272,32 cm²	268,32 cm³
Salz	369,9 cm²	411,08 cm³
Milch	663,12 cm²	997,92 cm³
Reis	789,2 cm²	1332 cm³
loser Zucker	700 cm²	1200 cm³
Würfelzucker	428,94 cm²	550,19 cm³
Kaffee	415,5 cm²	472,6 cm³

b) In der Milchpackung müssten eigentlich 1000 cm³ enthalten sein, da es sich um einen Liter handelt (Ungenauigkeit beim Abmessen der Verpackung).
c) Butter besteht aus Fett und das schwimmt auf Wasser. Oder genauer: Für Wasser ist der Quotient Masse: Volumen = 1. Alle Stoffe, deren Quotient kleiner als 1 ist (und die sich nicht in Wasser auflösen) schwimmen.
d) Obwohl die Menge des losen Zuckers doppelt so groß ist, ist das Volumen mehr als doppelt so groß. Würfelzucker wird gepresst, deshalb gibt es weniger Zwischenräume zwischen den einzelnen Körnern.
e) Das Netz des Quaders der Verpackung hat eigentlich eine Fläche von 369,9 cm².
369,9 cm² + 2 · 6,3 cm · 4,5 cm = 426,6 cm².
Grund für den doppelten Boden. Salz ist relativ schwer und feinkörnig. Bei leichten Beschädigungen könnten schnell Salzkörner entrinnen oder die Packung ganz aufreißen.
f) Beinahe den doppelten.
g) Individuelle Lösungen.

11 a) $V_{\text{Schwimmerbecken}} = 1950\,\text{m}^3$
$V_{\text{Nichtschwimmerbecken}} = 153\,\text{m}^3$
$V_{\text{Springerbecken}} = 570\,\text{m}^3$
$V_{\text{Planschbecken}} = 7\,\text{m}^3$
Die Füllung des Schwimmerbeckens kostet 3022,50 €.
Die Füllung des Nichtschwimmerbeckens kostet 237,15 €.
Die Füllung des Springerbeckens kostet 883,50 €.
Die Füllung des Planschbeckens kostet 10,85 €.
b) Zusätzliche Wasserkosten im Monat Juli für:
Schwimmerbecken: 29,25 m³ · 1,55 €/m³ = 45,34 €
Nichtschwimmerbecken: 3,56 €
Springerbecken: 13,25 €
Planschbecken: 0,16 €
c) Die Befüllung der Schwimmbecken dauert:
Schwimmerbecken: 3900 min = 65 h ≈ 2,7 d
Nichtschwimmerbecken: 5 h
Springerbecken: 19 h
Planschbecken: 14 min

12 a) 20 cm   b) 40 cm
Die Oberflächeninhalte der Behälter sind jeweils 700 cm³ und 850 cm³.

1000 Würfel

Volumen V in cm³	Länge a in cm	V/a in cm²	Breite b in cm	Höhe c in cm	Oberfläche O in cm²	a/c	4 · (a + b + c)
1000	1000	1	1	1	4002	1000	4008
1000	500	2	2	1	3004	500	2012
1000	250	4	4	1	2508	250	1020
1000	250	4	2	2	2008	125	1016
1000	200	5	5	1	2410	200	824
1000	125	8	8	1	2266	125	536
1000	125	8	4	2	1516	62,5	524
1000	100	10	10	1	2220	100	444
1000	100	10	5	2	1420	50	428
1000	50	20	20	1	2140	50	284
1000	50	20	10	2	1240	25	248
1000	50	20	5	4	940	12,5	236
1000	40	25	25	1	2130	40	264
1000	40	25	5	5	850	8	200
1000	25	40	20	2	1180	12,5	188
1000	25	40	10	4	780	6,25	156
1000	25	40	8	5	730	5	152
1000	20	50	10	5	700	4	140
1000	10	100	10	10	600	1	120

- Der Quader mit der kleinsten Oberfläche ist der Würfel mit einer Seitenlänge von 10 cm.
- Karin hat Recht, wie man erkennt, wenn man die Oberflächenwerte bei gleicher Kantenlänge a miteinander vergleicht.
- Alex hat Unrecht. Der Quader mit den Kantenlängen a = 200 cm, b = 5 cm und c = 1 cm hat im Vergleich zum Quader mit a = 250 cm, b = 2 cm und c = 2 cm eine größere Oberfläche bei kleinerer Gesamtkantenlänge. In der Tabelle sind mehr Gegenbeispiele.

Randspalte
1000 g Salz haben ein weitaus geringeres Volumen (822,16 cm³) als 1000 g Reis (1332 cm³). Füllt man beide Lebensmittel in gleich große Behälter, ist der mit Salz gefüllte somit um einiges schwerer.

2 Prisma. Netz und Oberfläche

Seite 119

Einstiegsaufgabe
→ 10 und 15 mit 3, 4, 5, 6
8 und 12 mit 1, 3, 4
7 und 16 mit 3, 4, 5, 6
14 und 17 mit 3, 4, 5, 6
→ 1 und 2, aber es gibt keine verwendbaren Mantelflächen.
9 und 18, aber es gibt keine verwendbaren Mantelflächen.
13 oder 11, aber beide sind nur einmal vorhanden.
→ Nein, da die Flächen in keiner Seitenlänge übereinstimmen.
→ Weil es kein Rechteck mit einer grünen und einer violetten Seite gibt.

Seite 120

1 a) O = 48 cm²   b) O = 22 cm²   c) O = 52,8 cm²

2 a)

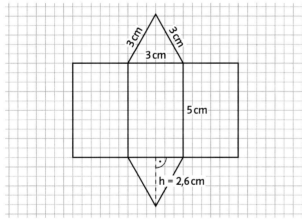

O = 52,8 cm²

b)

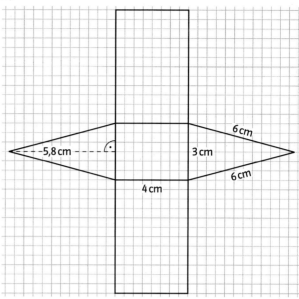

O = 77,4 cm²

c)

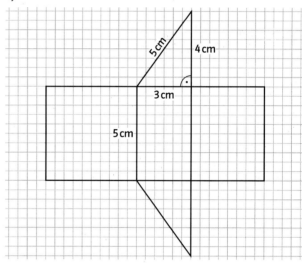

O = 72 cm²

d)

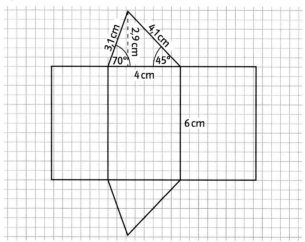

O = 78,8 cm²

3 Es wird mit den abgelesenen Werten gerechnet, so dass die Ergebnisse leicht variieren können:

a) Skizze:

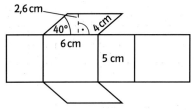

O = 131,2 cm²

b) Skizze:

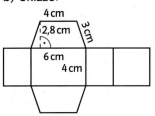

O = 92 cm²

c) Skizze:

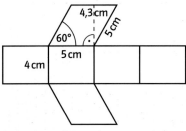

O = 123 cm²

d) Skizze: mögliche Lösung:

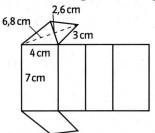

O = 115,68 cm²

e) Skizze:

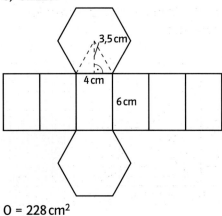

O = 228 cm²

Seite 121

4

	a)	b)	c)	d)	e)
u	12 cm	28 cm	15 cm	20 m	4,4 m
h	8 cm	3,5 cm	7 cm	7,5 m	1,4 m
G	30 cm²	13,5 cm²	40 cm²	50 m²	0,4 m²
M	96 cm²	98 cm²	105 cm²	150 m²	6,16 m²
O	156 cm²	125 cm²	185 cm²	250 m²	6,96 m²

5 Skizzen:

a)

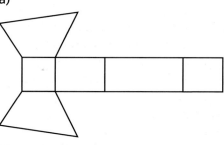

b)

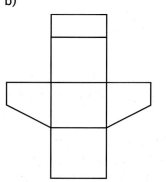

c)

d)

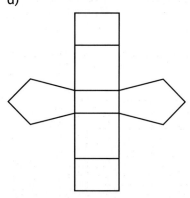

6 a) O = 394,4 cm² b) O = 912,4 cm²
c) O = 550,4 cm²

7

a) b)

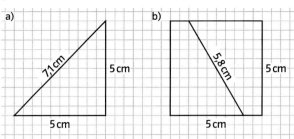

h = 12 cm; u ≈ 17,1 cm;   h = 12 cm; u = 15,8 cm;
M = 205,2 cm²   M = 189,6 cm²
G = 12,5 cm²; O = 230,2 cm²   G = 12,5 cm²;
                              O = 214,6 cm²

c) Der Schnitt des Quadrates muss möglichst kurz sein, denn dann ist der Umfang u und damit die Mantelfläche M klein. Dies ist der Fall, wenn der Schnitt parallel zu einer Seite des Quadrates liegt und somit 5 cm lang ist.
Zusätzlich muss er in der Mitte zwischen zwei Quadratseiten liegen.
Dann gilt: u = 15 cm, M = 180 cm², O = 205 cm².

3 Schrägbild

Seite 122

Einstiegsaufgabe
→ Individuelle Lösungen. Die Dreiecke müssen immer gleich groß sein und leicht verschoben gezeichnet werden. Dabei liegen die entsprechenden Seiten der Dreiecke immer parallel zueinander.
→ Individuelle Lösungen. Man beginnt, indem man zweimal zwei der roten Kanten zu einem Rechteck vervollständigt und ergänzt dann die übrigen Seiten des Quaders. Wiederum ist es wichtig, dass alle neuen Kanten parallel zu den schon vorhandenen roten Kanten liegen.

Seite 123

1 a)

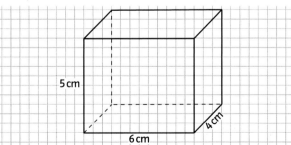

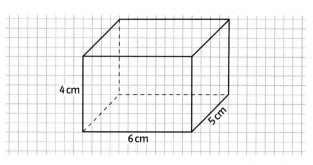

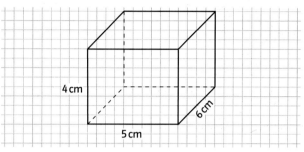

b) und c) Siehe Teilaufgabe a).

2 Schrägbildkonstruktion wie in Beispiel a) von Schülerbuchseite 122.

3 Mögliche Lösungen
a)

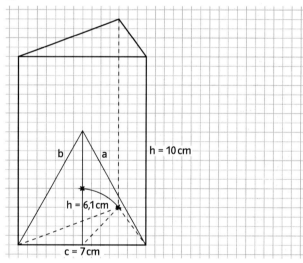

Die Grundflächen der übrigen Prismen sehen im Schrägbild wie folgt aus:
b)

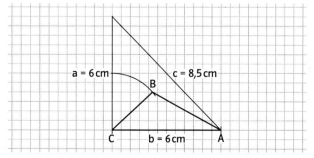

c)
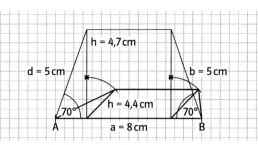

d)
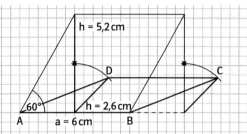

e)
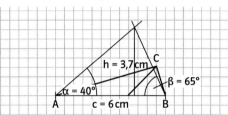

f)
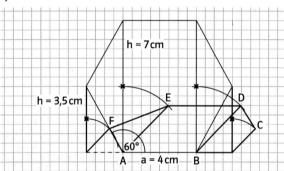

4 Die Grundflächen der einzelnen Körper sehen im Schrägbild wie folgt aus:

a) b)

c) d)
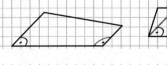

e) f)
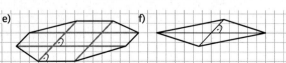

5 a) Individuelle Lösungen. Die Streichholzschachteln können beispielsweise nebeneinander stehen, aufgestapelt liegen oder wie ein umgedrehtes „T" aufgestellt werden.
b) Buchstaben sind z. B. „T", „L", „E", „H", „I", „F".

Randspalte
individuelle Lösungen

Seite 124

Päckchen

- Schnurlänge im Netz: 32 cm; Schnurlänge im Original: 64 cm

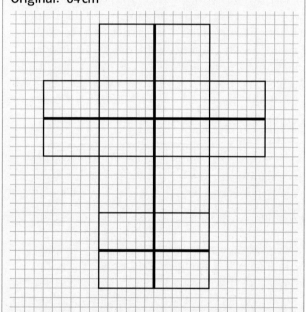

- Im Bild unten links muss man lediglich die beiden eingezeichneten Schnurstücke geradlinig verbinden und ergänzen, so dass eine Gerade entsteht.
- Die beiden Schnurstücke auf der Oberseite laufen parallel. Ebenso laufen dann die Schnurstücke auf der Unterseite parallel.
- Die Schnur wird bei einer Verschiebung an manchen Seiten länger, aber dafür an anderen Seiten genauso viel kürzer, so dass sie insgesamt gleich lang bleibt.
- Individuelle Lösungen. Man kann die anderen Verschnürungen jeweils im Netz einzeichnen und die Länge der Schnur messen.

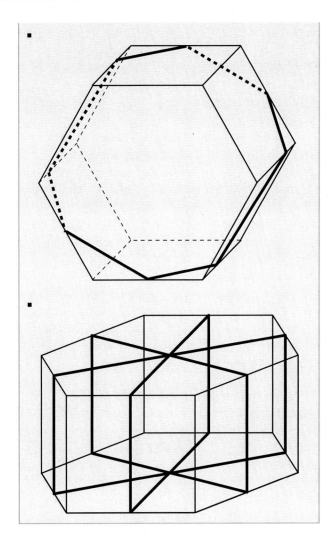

4 Prisma. Volumen

Seite 125

Einstiegsaufgabe
➔ 1. Dreiecksprisma: V = $\frac{1}{2}$ · 3 cm · 4 cm · 10 cm
= 60 cm³
Das Volumen des 1. Prismas entspricht dem Volumen des halben Quaders.
2. Dreiecksprisma: V = 30 cm³
3. Dreiecksprisma: V = 15 cm³

Seite 126

1 a) V = 300 cm³ b) V = 420 dm³
c) V = 15,12 cm³ d) V = 6750 dm³

2 a) V = 126 cm³ b) V = 252 cm³
c) V = 126 cm³ d) V = 259 cm³
e) V = 231 cm³

3 a) V = 504 cm³ b) V = 210 cm³
c) V = 1500 cm³ d) V = 506,25 cm³

4

	a)	b)	c)	d)
G	40 cm²	3 dm²	60 m²	45 mm²
h	9 cm	4 dm	8,5 m	16 mm
V	360 cm³	12 l	510 m³	720 mm³

5 a) V = 612 cm³ b) V = 1080 cm³
c) V = 2475 cm³ d) V = 2250 cm³

6 a) V = 60 e³ b) V = 36 e³
c) V = 40 e³ d) V = 108 e³

Seite 127

7 a) V = 573,5 m³ b) V = 688,2 m²

8 a) V = 8,714 m³ b) V = 5,568 m³
c) Der Inhalt des Containers wiegt 13,071 t.

9 a) linker Stahlträger:
(0,2 dm · 1,8 dm · 2 + 0,2 dm · 2,4) · 60 dm = 72 dm³
rechter Stahlträger:
(0,3 dm · 3,2 dm · 2 + 0,3 dm · 1,8) · 60 dm = 147,6 dm³
b) Der linke Stahlträger wiegt 561,6 kg, der rechte wiegt 1151,28 kg.

10 V = 47 531,25 m³

11 a) V = 3,772 m³ b) ca. 2 m³

12 a) V ≈ 6,55 m³ b) O ≈ 17,41 m²

Seite 128

Das Wasser steigt

• Behälter 1 entspricht Graph F
Behälter 2 entspricht Graph E
Behälter 3 entspricht Graph C
Behälter 4 entspricht Graph D
Behälter 6 entspricht Graph B
Behälter 5 hat keinen entsprechenden Graph, dieser müsste wie Graph D aussehen, nachdem er an der Achse durch den Ursprung und Punkt (1|1) gespiegelt ist. Er sieht also aus, als wenn man den Graphen aus B verkleinern und dann den Graphen aus C daransetzen würde.
• Das Volumen des Behälters beträgt 72 dm² × Länge des Behälters. In den ersten zwanzig Minuten sind 24 dm² × Länge des Behälters voll gelaufen. Damit der Wasserstand um weitere 4 dm steigt, müssen noch 48 dm² × Länge des Behälters gefüllt werden. Dies dauert doppelt so lang. Der Füllgraph läuft also als Kurve weiter und endet ungefähr bei (60|8).

Schülerbuchseite 128–130

■

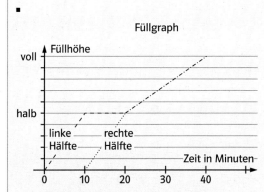

- individuelle Lösungen, Beispiel:
Überlege, wie die Graphen aussehen, wenn die Trennwand im linken Viertel steht oder bis zu einem Drittel der Höhe reicht oder wie die Füllgraphen aussehen, wenn man Behälter hat, die aus verschiedenen Quadern zusammengesetzt sind.

5 Zylinder. Oberfläche

Seite 129

Einstiegsaufgabe
→ Die Kreise mit den Radien r_1 und r_3 passen zum Zylindermantel. Der Umfang des kleinen Kreises entspricht der kurzen Rechteckseite. Der Umfang des großen Kreises entspricht der langen Rechteckseite. Man kann dies mit einem Faden ausprobieren oder den Zylindermantel ausschneiden und ihn um die Kreise legen.

→

Seite 130

1 a) Die Mantelfläche ist ein Rechteck mit den Seitenlängen 10 cm und 25,1 cm.
Der Deck- und der Grundkreis haben einen Umfang von 25,1 cm.
b) Der Deck- und der Grundkreis haben einen Umfang von 15 cm und deshalb einen Radius von $r = 15 : (\pi \cdot 2) = 2{,}4$ cm. Eine weitere Möglichkeit ist ein Umfang von 5 cm und ein Radius von $r = 0{,}8$ cm.

2 a) Diese Figur ergibt einen Zylindermantel, wenn die lange Seite der Figur der Höhe des Zylinders entspricht. Die Zacken passen dann exakt in die Aussparungen.
b) Diese Figur ergibt keinen Zylindermantel. Unabhängig davon, in welcher Richtung man das Rechteck rollt, um den Mantel zu erhalten, bleiben am Rand zu Deck- und Mantelfläche ein Zacken und eine Aussparung.

3 Mantelfläche $M = 2\pi \cdot r \cdot h$
Grundfläche $G = \pi \cdot r^2$
Oberfläche $O = 2G + M$
a) $O = 2\pi \cdot 5{,}5^2 + 2\pi \cdot 5{,}5 \cdot 7{,}5 = 449{,}3 \text{ cm}^2$;
$M = 259{,}2 \text{ cm}^2$
b) $O = 2\pi \cdot 8{,}4^2 + 2\pi \cdot 8{,}4 \cdot 15{,}1 = 1240{,}3 \text{ cm}^2$;
$M = 797 \text{ cm}^2$
c) $O = 2\pi \cdot 4{,}1^2 + 2\pi \cdot 4{,}1 \cdot 18 = 569{,}3 \text{ dm}^2$;
$M = 463{,}7 \text{ dm}^2$
d) $O = 2\pi \cdot 18{,}5^2 + 2\pi \cdot 18{,}5 \cdot 69 = 10170{,}9 \text{ cm}^2$;
$M = 8020{,}5 \text{ cm}^2$
e) $O = 2\pi \cdot 8{,}5^2 + 2\pi \cdot 8{,}5 \cdot 8{,}9 = 929{,}3 \text{ dm}^2$;
$M = 475{,}3 \text{ dm}^2$
f) $O = 2\pi \cdot 4{,}2^2 + 2\pi \cdot 4{,}2 \cdot 12{,}2 = 432{,}8 \text{ cm}^2$;
$M = 322 \text{ cm}^2$

4

	r	h	M	O
a)	6,3 cm	8,2 cm	324,2 cm²	573,6 cm²
b)	114 mm	25,5 cm	1826,5 cm²	2643,1 cm²
c)	20,21 cm	14,8 cm	1878,0 cm²	4441,8 cm²
d)	2,0 cm	4,9 cm	61,8 cm²	86,9 cm²
e)	55,5 cm	1,3 m	3,6 m²	5,5 m²
f)	13,2 cm	4,6 cm	3,8 dm²	1477,9 cm²

5 links: $M = 2\pi \cdot 2{,}5 \cdot 15 = 235{,}5 \text{ cm}^2$
rechts: $M = 2\pi \cdot 7{,}5 \cdot 5 = 235{,}5 \text{ cm}^2$, da $2{,}5 \cdot 15 = 7{,}5 \cdot 5$ ist.
links: $O = 2\pi \cdot 2{,}5^2 + 235{,}5 = 274{,}8 \text{ cm}^2$
rechts: $O = 2\pi \cdot 7{,}5^2 + 235{,}5 = 588{,}75 \text{ cm}^2$
In der Formel für die Oberfläche wird das Quadrat des Radius benötigt.

6 a) $O = 2\pi \cdot 5^2 + 2\pi \cdot 5 \cdot 11,5 = 518,36\,cm^2$
Mit Falz und Verschnitt sind das $518,36 \cdot 1,18$
$= 611,67\,cm^2$
b) Höhe: $11,5 - 2 \cdot 0,3 = 10,9\,cm$;
Umfang der Dose = Breite = $2\pi \cdot 5 + 1,2 = 32,62\,cm$.
Der Flächeninhalt des Papierstreifens ist dann
$10,9\,cm \cdot 32,62\,cm = 355,56\,cm^2$.

7 Das Stück, aus dem die linke Rolle hergestellt wurde, war ein Rechteck, das der rechten Rolle ein Parallelogramm.
Rollt man ein Rechteck schief auf, stehen oben und unten Dreiecke über. Das sind genau die Dreiecke, die dem Parallelogramm fehlen (um es zu einem Rechteck zu ergänzen).
Die Klebekante ist bei der linken Rolle so lang wie die lange Seite des Rechtecks, bei der rechten Rolle so lang wie die Grundseite des Parallelogramms und im Vergleich sehr viel länger. Dadurch wird der Kern der Rolle stabiler.

8 a) $A = d \cdot h = 7,5 \cdot 7,5 = 56,25\,cm^2$
b) $d = 9\,cm$; $h = 300 : 4,5 : \pi : 2 = 10,6\,cm$;
$A = 9 \cdot 10,6 = 95,4\,cm^2$
c) $r = \sqrt{(0,6 : \pi)} = 0,4\,m$; $d = 0,8\,m$
$h = 2,4 : 0,4 : 2 : \pi = 0,95\,m$
$A = 0,8 \cdot 0,95 = 0,76\,m^2$

Seite 131

9 Die Fläche eines Einzeldachs ist so groß wie ein Viertel des Mantels des zugehörigen Zylinders. Da es vier solcher Dächer gibt, entspricht die Mantelfläche des Zylinders der Dachfläche. Die Maße des Zylinders sind $r = 4,3\,m$; $h = 11,5\,m$
$M = 2\pi \cdot r \cdot h = 2\pi \cdot 4,3 \cdot 11,5 = 310,70\,m^2$

10 Die Litfaßsäule ist etwas höher als die Personen, also etwa 2m. Ihr Durchmesser ist etwa halb so groß.
$M = 2\pi \cdot 0,5 \cdot 2 = 6,3\,m^2$

11 a) $M = 2\pi \cdot r \cdot h = 2\pi \cdot e \cdot 3e = 6\pi \cdot e^2$
$O = 2\pi \cdot e^2 + 6\pi \cdot e^2 = 8\pi \cdot e^2$
b) $M = 2\pi \cdot r \cdot h = 2\pi \cdot 3e \cdot e = 6\pi \cdot e^2$
$O = 2\pi \cdot (3e)^2 + 6\pi \cdot e^2 = 18\pi \cdot e^2 + 6\pi \cdot e^2$
$= 24\pi \cdot e^2$
c) $M = 2\pi \cdot r \cdot h = 2\pi \cdot \frac{3}{2}e \cdot \frac{1}{2}e = \frac{3}{2} \cdot \pi \cdot e^2$
$O = 2\pi \cdot \left(\frac{3}{2}e\right)^2 + \frac{3}{2}\pi \cdot e^2 = \frac{9}{2} \cdot \pi \cdot e^2 + \frac{3}{2}\pi \cdot e^2 = 6\pi \cdot e^2$

12 $M_{außen} = 2\pi \cdot 5 \cdot 100 = 3141,6\,cm^2$
$M_{innen} = 3141,6 \cdot \frac{90}{100} = 2827,4\,cm^2$ (da die Fläche 90% von $M_{außen}$)
$2827,4\,cm^2 = 2\pi \cdot r_{innen} \cdot 100$

Also $r_{innen} = 4,5\,cm$.
Die Wand hat eine Dicke von $5\,cm - 4,5\,cm = 0,5\,cm$.

Schrägbild eines Zylinders

- Individuelle Lösungen

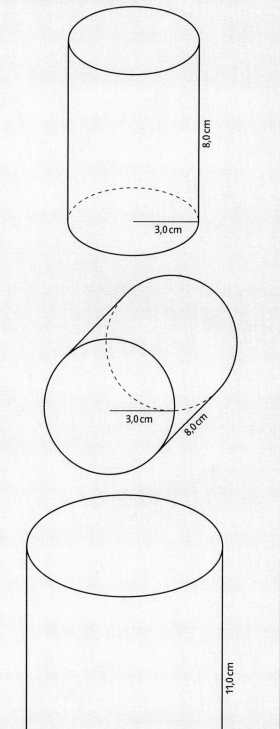

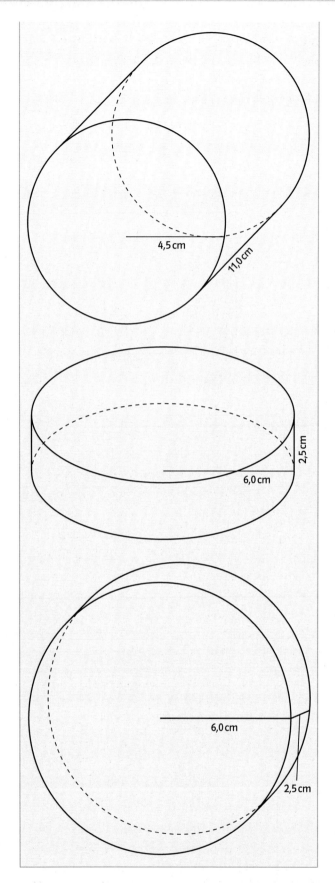

6 Zylinder. Volumen

Seite 132

Einstiegsaufgabe
mögliche Lösungen

G in cm²	h in cm	V in cm³
74	11,5	851
56	12,3	688,8
108	15	1620
30	7	210

→ Man kann das Volumen als Produkt aus Grundfläche und Höhe der Dose berechnen.

Seite 133

1 $V = r^2 \cdot \pi \cdot h$
a) $V = 8^2 \cdot \pi \cdot 24 = 4825,5 \, cm^3$
b) $V = 14^2 \cdot \pi \cdot 9 = 5541,8 \, m^3$
c) $V = 4,2^2 \cdot \pi \cdot 11,9 = 659,5 \, cm^3$
d) $V = 33,5^2 \cdot \pi \cdot 9,6 = 33846,3 \, cm^3$
e) $V = 3,4^2 \cdot \pi \cdot 14 = 508,4 \, cm^3$
f) $V = 61,85^2 \cdot \pi \cdot 80 = 961433,5 \, cm^3$

2 $h = V : r^2 : \pi$ oder $r = \sqrt{(V : \pi : h)}$
a) r = 2,2 cm   b) r = 3,1 dm
c) r = 3,9 cm   d) r = 8,7 cm
e) h = 45,8 cm   f) h = 123,8 mm

3

	r	h	M	O	V
a)	4,6	11,7	338,2	471,2	777,8
b)	13,5	7,1	605,0	1750,1	4065,1
c)	9,8	3,1	190,9	794,3	936,5
d)	4,9	10,1	311,0	461,9	769,0
e)	3,9	49,0	1200,7	1296,3	2345,0

4 a) $V = r^2 \cdot \pi \cdot h = 4^2 \cdot \pi \cdot 12 = 603,2 \, dm^3 = 603,2 \, l$
$603,2 \, l \cdot \frac{80}{100} = 482,6 \, l$
b) $h = \frac{\frac{450}{4^2}}{\pi} = 9,0 \, dm$

5 a) $V_{links} = 2,5^2 \cdot \pi \cdot 15 = 294,52 \, cm^3$;
$V_{rechts} = 7,5^2 \cdot \pi \cdot 5 = 883,57 \, cm^3$
b) $h = 883,57 : 2,5^2 : \pi = 45 \, cm$

6 a) $1 \, cm^3 = 1 \, ml$; r = 38 mm = 3,8 cm
Der Eichstrich für 50 ml ist bei $h = 50 : 3,8^2 : \pi$
= 1,1 cm.
Der Eichstrich für 100 ml ist bei $h = 100 : 3,8^2 : \pi$
= 2,2 cm.
Der Eichstrich für 150 ml ist bei $h = 150 : 3,8^2 : \pi$
= 3,3 cm.

b) Der Messzylinder muss, um einen 1l = 1000 ml zu fassen, mindestens h = 1000 : 3,8² : π = 22,04 cm hoch sein.

7 Das Volumen des Zylinders ist
$V_Z = r^2 \cdot \pi \cdot h = \left(\frac{a}{2}\right)^2 \cdot \pi \cdot a = \frac{1}{4} \cdot \pi \cdot a^3$
Das Volumen des Würfels ist $V_W = a^3$
Der Unterschied beträgt
$V_W - V_Z = a^3 - \frac{1}{4} \cdot \pi \cdot a^3 = \left(1 - \frac{\pi}{4}\right) \cdot a^3 = 0,21 a^3$.
Das entspricht 21%.

8 Man setzt jeweils in die Formel ein, zum Beispiel bei „doppelter Höhe" 2h für h.
a) V und M werden verdoppelt.
b) V wird vervierfacht, M wird verdoppelt.
c) V wird verneunfacht, M wird verdreifacht.
d) V wird reduziert auf ein Viertel, M wird halbiert.
e) V wird verdoppelt, M bleibt gleich.

9 a) 1 cm³ = 1000 mm³ = V
h = 1000 : 0,005² : π = 12 732 395,45 mm = 12,73 km
b) Für 12,73 km benötigt man 1 cm³ = 19,3 g Gold.
Für 1000 km benötigt man $1 \cdot \frac{1000}{12,73} = 78,54$ cm³.
Das entspricht 19,3 g · 78,54 = 1515,82 g Gold.

10 $r = \sqrt{(V : \pi : h)} = \sqrt{((144 \cdot \pi) : \pi : h)}$
$O = 2\pi r h + 2 \cdot \pi r^2$
Von links nach rechts:
r = 1 cm; O = 911,06 cm²
r = 2 cm; O = 477,52 cm²
r = 4 cm; O = 326,73 cm²
r = 6 cm; O = 376,99 cm²
r = 12 cm; O = 980,18 cm²

Seite 134

11 $V_Z = r^2 \cdot \pi \cdot h = 40^2 \cdot \pi \cdot 88 = 442\,336$ mm³
= 0,44 dm³. Bei vier Zylindern entspricht das 1,76 dm³ = 1,76 l.

12 In der Milchtüte sind V = 9 · 7 · 24 = 1512 cm³ Milch. Das Glas fasst ein Volumen von
V = 4² · π · 20 = 1005,31 cm³. Es ist also nicht groß genug!

13 a) V = r² · π · h = 0,6² · π · 3,5 = 4,0 m³
Die Auffangwanne muss mindestens 1,2 m breit und 3,5 m lang sein. Sie muss dann mindestens eine Höhe von h = 4,0 : 1,2 : 3,5 = 0,95 m = 95 cm haben.

14 a) 13,5 cm der Zahnbürste stehen im Gefäß. Man findet die Höhe des Glases mithilfe einer wws-Konstruktion:

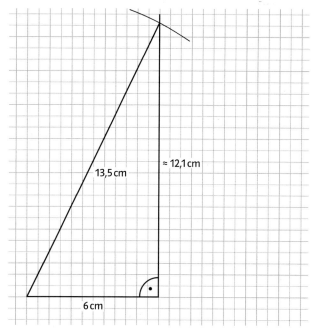

Es passen also V ≈ 3² · π · 12,1 ≈ 342,1 cm³ = 341,93 ml in das Glas.

15 Das Abraumvolumen beider Tunnel entspricht
$V = \left(\frac{9,5}{2}\right)^2 \cdot \pi \cdot (2 \cdot 7920) = 1\,122\,773,8$ m³ = 1,12 Mio. m³
Für die Abweichung können ungenaue Längenangaben verantwortlich sein. Wahrscheinlich haben die Tunnel auch nicht genau die Form eines Zylinders.

16 $V_{außen} = \left(\frac{1,50}{2}\right)^2 \cdot \pi \cdot 4 = 7,07$ m³
$V_{innen} = (0,75 - 0,12)^2 \cdot \pi \cdot 4 = 4,99$ m³
$V_{außen} - V_{innen} = 2,08$ m³
Nein, man benötigt mindestens 2 m³.

17 In den Wassereimer passen mindestens
$V = \left(\frac{19}{2}\right)^2 \cdot \pi \cdot 25 = 7088,22$ cm³.
Da der Eimer nach oben gleichmäßig breiter wird, kann man überlegen, dass er einem Zylinder entspricht, dessen Durchmesser der Mittelwert des oberen und des unteren Durchmessers ist.
Dieser Durchmesser ist $\frac{27 + 19}{2} = 23$ cm.
Der Eimer fasst dann ein Volumen von
$V = \left(\frac{23}{2}\right)^2 \cdot \pi \cdot 25 = 10\,386,89$ cm³.
Eine andere Möglichkeit ist es, jeweils das Volumen eines Zylinders mit dem Durchmesser von 19 cm und 27 cm zu berechnen und dann den Mittelwert dieser Volumina zu bilden. Man erhält V = 10 701,05 cm³.
Man kann so das Volumen von Blumentöpfen, Joghurtbechern oder Dessertschalen bestimmen.

7 Zusammengesetzte Körper. Hohlkörper

Seite 135

Einstiegsaufgabe
→ erste Spalte: violetter Zylinder
   zweite Spalte: blauer Zylinder
   dritte Spalte: gelber Zylinder
   vierte Spalte: roter Zylinder
→

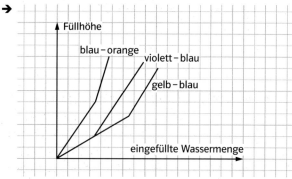

→ Der gelb-blaue, da der blaue Zylinder Teil jedes der zusammengesetzten Körper ist und der gelbe Zylinder das größte Volumen hat.
→ Die Mantelfläche ist immer so groß wie die Summe der Mantelflächen der einzelnen Zylinder.
$M_1 = 1560\,cm^2$; $M_2 = 960\,cm^2$; $M_3 = 660\,cm^3$

Seite 136

1 a) Bei vier Würfeln ergeben sich folgende zusammengesetzten Körper:

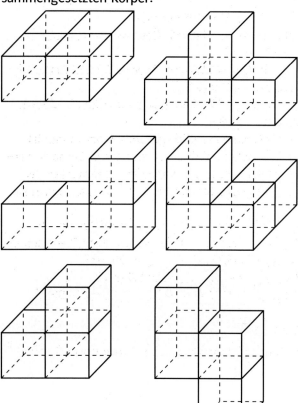

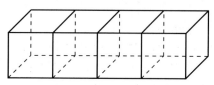

Bei sechs Würfeln gibt es viel mehr Möglichkeiten, von denen vier dargestellt werden:

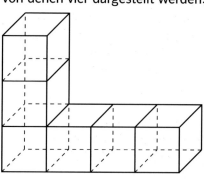

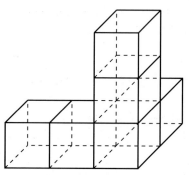

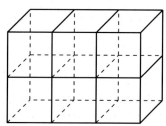

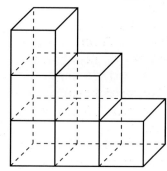

b) für $a = 1\,cm$ gilt:
bei vier Würfeln: $18 \cdot a^2 = 18\,cm^2$ oder $16\,a^2 = 16\,cm^2$
bei sechs Würfeln: $26 \cdot a^2 = 26\,cm^2$ oder $24\,a^2 = 24\,cm^2$ oder $22\,a^2 = 22\,cm^2$

2 a) Individuelle Lösungen
b) mindestens 7 (acht Würfel, bei denen jeder nur an einer Seite mit einem anderen Würfel verbunden ist), höchstens 12 (ein großer Würfel)
c) höchstens 34 cm² (acht Würfel, bei denen jeder nur an einer Seite mit einem anderen Würfel verbunden ist), mindestens 24 cm² (ein großer Würfel)
d) 34 cm², 32 cm², 30 cm², 28 cm², 26 cm², 24 cm² (je nach Anzahl der Verbindungsseiten)

3 $V_Z = r_1^2 \cdot \pi \cdot h_1 + r_2^2 \cdot \pi \cdot h_2$; $O = 2\pi \cdot r_1 \cdot h_1 + 2\pi \cdot r_2 \cdot h_2 + 2 \cdot r_1^2 \cdot \pi$
a) $V = 7^2 \cdot \pi \cdot 9 + 5^2 \cdot \pi \cdot 4 = 1699{,}6\,cm^3$
$O = 2\pi \cdot 7 \cdot 9 + 2\pi \cdot 5 \cdot 4 + 2 \cdot 7^2 \cdot \pi = 829{,}38\,cm^2$
b) $V = 8{,}5^2 \cdot \pi \cdot 12{,}4 + 6{,}2^2 \cdot \pi \cdot 5{,}7 = 3502{,}9\,cm^3$
$O = 2\pi \cdot 8{,}5 \cdot 12{,}4 + 2\pi \cdot 6{,}2 \cdot 5{,}7 + 2 \cdot 8{,}5^2 \cdot \pi$
$= 1338{,}26\,cm^2$
c) $V = 12{,}1^2 \cdot \pi \cdot 24 + 7{,}6^2 \cdot \pi \cdot 13{,}8 = 13\,543{,}18\,cm^3$
$O = 2\pi \cdot 12{,}1 \cdot 24 + 2\pi \cdot 7{,}6 \cdot 13{,}8 + 2 \cdot 12{,}1^2 \cdot \pi$
$= 3403{,}54\,cm^2$

4 $V = (r_a^2 - r_i^2) \cdot \pi \cdot h$; $O = 2\pi \cdot r_a \cdot h_a + 2\pi \cdot r_i \cdot h_i + 2 \cdot \pi (r_a^2 - r_i^2)$
$V = (2{,}75^2 - 0{,}75^2) \cdot \pi \cdot 8{,}5 = 186{,}92\,dm^3$;
$O = 2\pi \cdot 8{,}5 \cdot (2{,}75 + 0{,}75) + 2 \cdot \pi \cdot (2{,}75^2 - 0{,}75^2)$
$= 230{,}91\,dm^2$

Seite 137

5 a) Volumen des Quaders ohne Lochung:
$V = 4{,}8 \cdot 4{,}8 \cdot 6{,}7 = 154{,}368\,dm^3$
Jede Lochung hat ein Volumen von
$V_L = 0{,}2^2 \cdot \pi \cdot 6{,}7 = 0{,}842\,dm^3$. Alle neun Lochungen zusammen haben ein Volumen von $V_{9L} = 7{,}58\,dm^3$
$V_{insgesamt} = V - V_{9L} = 146{,}79\,dm^3$
b) Die Oberfläche des Quaders ist
$O_Q = 4{,}8 \cdot 4{,}8 \cdot 2 + 4{,}8 \cdot 6{,}7 \cdot 4 = 174{,}72\,dm^2$
$O_L = 2\pi \cdot 0{,}2 \cdot 6{,}7 = 8{,}42\,dm^2$, also für neun Löcher
$O_{9L} = 9 \cdot 8{,}42 = 75{,}76\,dm^2$
Die beiden quadratischen Flächen sind um die Fläche von neun Kreisen kleiner. Die Fläche von 18 Kreisen hat eine Größe von
$18\,G = 18 \cdot 0{,}2^2 \cdot \pi = 2{,}26\,dm^2$
Die gesamte Oberfläche des Lochsteins beträgt
$O = 174{,}72 + 75{,}76 - 2{,}26 = 248{,}22\,dm^2$
c) $O_Q = 174{,}72\,dm^2$ entsprechen 100 %; $\frac{248{,}22}{174{,}72} \cdot 100 = 142{,}07\,\%$. Die Oberfläche des gelochten Quaders ist also um 42 % größer.
d) Ein Quader wiegt $146{,}79 \cdot 2{,}1 = 308{,}25\,kg$.
e) Ja.

6 a) Es entsteht ein Parallelogrammprisma.

b)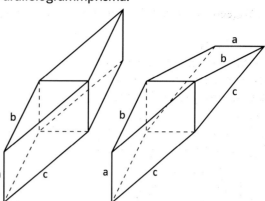

c) Man hat zwei Möglichkeiten, die gleich großen rechteckigen Flächen aneinanderzulegen. Als Grundfläche haben diese Körper dann ein Rechteck oder einen Drachen bzw. ein Parallelogramm oder ein großes Dreieck. Für die quadratischen Mantelflächen gibt es insgesamt vier Möglichkeiten. Außerdem kann man die dreieckigen Grundflächen aufeinandersetzen.
d) Volumen und Oberfläche sind jeweils gleich groß. Es gilt: $V = 288\,cm^3$; $O = 312\,cm^2$

Seite 138

7 linker Turm: $O = 528\,cm^2$; rechter Turm: $O = 592\,cm^2$

8 a) Halle: $V = 1108{,}604\,m^3$
Anbau: $V = 323{,}2125\,m^3$; Gesamt: $V \approx 1431{,}82\,m^3$;
$O \approx 652{,}33\,m^2$
b) Halle: $V = 948{,}024\,m^3$; Anbau: $V = 255{,}79125\,m^3$;
Gesamt: $V \approx 1203{,}82\,m^3$
c) Halle: ≈ 14,5 % kleiner; Anbau: ≈ 20,9 % kleiner;
Gesamt: ≈ 15,9 %
Da die Halle wesentlich größer als der Anbau ist, ist die prozentuale Verkleinerung des Gesamtinnenvolumens eher in der Nähe der prozentualen Verkleinerung des Innenvolumens der gesamten Halle.

9 Die Häuser haben das gleiche Volumen, aber das linke Haus hat eine etwas größere Oberfläche.
$V_{Quader} = 1165{,}22\,m^3$; $O_{Quader} = 379{,}9\,m^2$
$V_{linkes\,Haus} = V_{rechtes\,Haus} = 1550{,}948\,m^3$
$O_{linkes\,Haus} = 651{,}948\,m^2$; $O_{rechtes\,Haus} = 644{,}82\,m^2$

Randspalte

$O_{gesamt} = 6 \cdot A_{großes\,Quadrat} + 4 \cdot A_{kleines\,Quadrat} = 448\,cm^2$

10 a) $V = (r_a^2 \cdot h_a - r_i^2 \cdot h_i) \cdot \pi$
$= (7^2 \cdot 12 - 1{,}25^2 \cdot 8{,}5) \cdot \pi = 1805{,}53\,\text{cm}^3$
$O = 2\pi \cdot r_a \cdot h_a + 2\pi \cdot r_i \cdot h_i + 2 \cdot \pi \cdot r_a^2$
$= 2\pi \cdot 7 \cdot 12 + 2\pi \cdot 1{,}25 \cdot 8{,}5 + 2 \cdot \pi \cdot 7^2 = 902{,}42\,\text{cm}^2$
b) Die Oberfläche wird größer, da die Fläche des inneren Zylindermantels größer wird. Durchbohrt man den Zylinder vollständig, wird die Oberfläche wieder etwas kleiner, da dann die Grundfläche des kleinen Zylinders als Oberfläche wegfällt.

11 a) (1) Man berechnet zunächst das Volumen des Quaders und addiert dann das Volumen des halben Zylinders.
$V_Q = 1{,}2 \cdot 2{,}4 \cdot 1{,}55 = 4{,}464\,\text{m}^3$
$V_{\frac{Z}{2}} = \left(\frac{1}{2}\right) \cdot (0{,}6^2 \cdot \pi \cdot 2{,}4) = 1{,}36\,\text{m}^3$
$V_{\text{insgesamt}} = 4{,}464 + 1{,}36 = 5{,}82\,\text{m}^3$
(2) Man berechnet zunächst das Volumen des Quaders und addiert dann zweimal das Volumen des halben Zylinders, also insgesamt einmal das Volumen des Zylinders.
$V_Q = 1{,}55 \cdot 1{,}8 \cdot 1{,}25 = 3{,}4875\,\text{m}^3$
$V_Z = 0{,}775^2 \cdot \pi \cdot 1{,}25 = 2{,}36\,\text{m}^3$
$V_{\text{insgesamt}} = 3{,}875 + 2{,}36 = 5{,}85\,\text{m}^3$
b) Um das Innenvolumen zu erhalten, zieht man die $2 \cdot 5\,\text{mm} = 1\,\text{cm}$ von den Außenmaßen ab und erhält
$V_Q = 1{,}19 \cdot 2{,}39 \cdot 1{,}54 = 4{,}38\,\text{m}^3$
$V_{\frac{Z}{2}} = \left(\frac{1}{2}\right) \cdot (0{,}595^2 \cdot \pi \cdot 2{,}39) = 1{,}3\,\text{m}^3$
$V_{\text{insgesamt}} = 4{,}38 + 1{,}33 = 5{,}71\,\text{m}^3$
Das Volumen der Wände ist dann
$5{,}82 - 5{,}71 = 0{,}11\,\text{m}^3$
(2) $V_Q = 1{,}54 \cdot 1{,}79 \cdot 1{,}24 = 3{,}42\,\text{m}^3$
$V_Z = 0{,}77^2 \cdot \pi \cdot 1{,}24 = 2{,}31\,\text{m}^3$
$V_{\text{insgesamt}} = 3{,}42 + 2{,}31 = 5{,}73\,\text{m}^3$
Das Volumen der Wände ist dann
$5{,}85 - 5{,}73 = 0{,}12\,\text{m}^3$

12 a) Man berechnet zunächst das Volumen des Quaders und subtrahiert dann das Volumen des halben Zylinders.
$V_Q = 45 \cdot 54 \cdot 28 = 68\,040\,\text{mm}^3$
$V_{\frac{Z}{2}} = \left(\frac{1}{2}\right) \cdot (11^2 \cdot \pi \cdot 54) = 10\,263{,}58\,\text{mm}^3$
$V_{\text{insgesamt}} = 68\,040 - 10\,263{,}58 = 57\,776{,}42\,\text{mm}^3$
$= 0{,}0578\,\text{dm}^3$
Das Gussteil wiegt $0{,}0578 \cdot 2{,}7 = 0{,}156\,\text{kg}$.
b) Man berechnet zunächst das Volumen des Quaders und subtrahiert dann dreimal das Volumen eines Zylinders.
$V_Q = 10 \cdot 19 \cdot 2 = 380\,\text{mm}^3$
$V_{\frac{Z}{2}} = 3 \cdot (2{,}5^2 \cdot \pi \cdot 2) = 117{,}81\,\text{mm}^3$
$V_{\text{insgesamt}} = 380 - 117{,}81 = 262{,}19\,\text{mm}^3 = 0{,}262\,\text{cm}^3$
Da $1\,\text{dm}^3$ Aluminium $2{,}7\,\text{kg}$ wiegt, wiegt $1\,\text{cm}^3$ $2{,}7\,\text{g}$.
Das Gussteil wiegt dann $0{,}262 \cdot 2{,}7 = 707{,}9\,\text{g}$.

Üben • Anwenden • Nachdenken

Seite 140

1 a) individuelle Lösungen. Das Volumen berechnet man mit der Formel $V = r^2 \cdot \pi \cdot h$.
b) individuelle Lösungen. Die Oberfläche berechnet man mit der Formel $O = 2\pi \cdot r \cdot h + 2r^2 \cdot \pi$.

2 a) Weil der Flächeninhalt der Grundfläche von Körper 5 größer als der von Körper 3 ist, die Höhe aber mit 8 cm jeweils gleich.
Bei Körper 2 und 6 sind jeweils die Grundflächen gleich, aber die Höhe von Körper 6 ist größer als die von Körper 2.
b) $V_6 = 36\,\text{cm}^3$; $V_2 = 48\,\text{cm}^3$; $V_3 = 96\,\text{cm}^3$;
$V_5 = 112\,\text{cm}^3$; $V_4 = 128\,\text{cm}^3$; $V_1 = 144\,\text{cm}^3$

3

	a)	b)	c)	d)
r	0,6 dm	4,5 cm	0,77 cm	5,5 cm
h	1,2 dm	7,6 cm	41,0 cm	4,05 cm
M	4,5 dm²	214,9 cm²	198,36 cm²	140 cm²
O	6,79 dm²	342,12 cm²	202,09 cm²	330 cm²
V	1,36 dm³	482,0 cm³	77 cm³	385,0 cm³

4

	a)	b)	c)	d)
u	18 cm	20 dm	20 cm	72 cm
h	36 cm	15 dm	3,5 cm	25 cm
G	216 cm²	5,8 m²	12 cm²	4 dm²
M	648 cm²	3 m²	70 cm²	18 dm²
O	1080 cm²	14,6 m²	94 cm²	26 dm²
V	7776 cm³	8,7 m³	42 cm³	10 dm³

5 Man berechnet das Volumen jedes einzelnen Zylinders und addiert diese zum Gesamtvolumen.
$V_Z = r_1^2 \cdot \pi \cdot h_1 + r_2^2 \cdot \pi \cdot h_2 + r_3^2 \cdot \pi \cdot h_3$
$= 10^2 \cdot \pi \cdot 52{,}5 + 16{,}25^2 \cdot \pi \cdot 58{,}5 + 8{,}5^2 \cdot \pi \cdot 90{,}8$
$= 85\,633{,}395\,\text{mm}^3 = 0{,}085\,633\,\text{dm}^3$
Die Achse wiegt also $0{,}085\,633 \cdot 7{,}85 = 0{,}672\,\text{kg}$.
Man berechnet die Mantelfläche jedes Zylinders. Die Grundfläche des kleinen Zylinders und die Fläche des Kreisrings (zwischen kleinem und großem Zylinder) ergänzen sich jeweils zur Grundfläche des großen Zylinders, sodass man zur Summe der Mantelflächen noch zweimal diese Fläche addieren muss.
$O = 2\pi \cdot (r_1 \cdot h_1 + r_2 \cdot h_2 + r_3 \cdot h_3) + 2 \cdot r_2^2 \cdot \pi$
$= 2\pi \cdot (10 \cdot 52{,}5 + 16{,}25 \cdot 58{,}5 + 8{,}5 \cdot 90{,}8)$
$+ 2 \cdot 16{,}25^2 \cdot \pi = 15\,780{,}14\,\text{mm}^2$

6 a) $G = 21\,\text{cm}^2 \rightarrow h = 8\,\text{cm}$
b) $M = 192\,\text{cm}^2 \rightarrow h = 8\,\text{cm}$

7 a) Man stellt die folgende Gleichung auf und löst nach x auf:
x · 2x : 2 · 10 + 150 = (x + 1) · (2x + 2) : 2 · 10
x = 7 cm Das Volumen erhöht sich von 490 cm³ auf 640 cm³.
b) Das Volumen verringert sich um 60 cm³ auf 480 cm³.
c) Das Ergebnis aus b) gilt für alle x > 1 cm. Wenn x ≦ 1 cm ist, wird die Höhe kleiner oder gleich Null und das Ergebnis ist nicht mehr sinnvoll.

Seite 141

8 a)

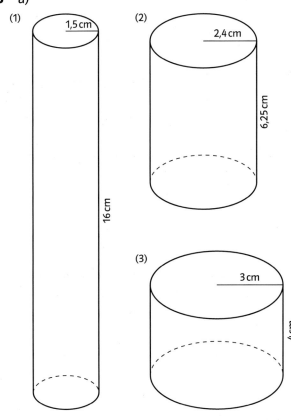

(1) V = 113,1 cm³   (2) V = 113,1 cm³
(3) V = 113,1 cm³   (4) V = 113,1 cm³
b) Man wählt h oder r.
mögliche Lösung:
r = 3,5 cm
h = $\frac{V}{\pi \cdot r^2}$ = 2,94 cm.

9 Zylinder hinten: V = 2356,19 cm³; O = 1099,56 cm²
Zylinder vorne: V = 2356,19 cm³; O = 1099,56 cm²
Die Volumina und die Oberflächen haben die gleiche Größe.

10 a) V = 10 353,11 cm³; O = 3451,04 cm²
b) V = 95,91 dm³; O = 116,11 dm²
c) V = 3 623 638,63 cm³ = 3,624 m³;
O = 209 456,27 cm² = 20,95 m²

11 a) Man berechnet r = $\sqrt{(V : \pi : h)}$ und setzt h und r in O = 2 · π · r · h + 2 · π · r² ein.
r = 5 cm; O = 628,32 cm²; r = 22 mm; O = 3317,52 mm²
b) Man berechnet G = π · r². Man bestimmt
h = $\frac{O - 2 \cdot G}{2 \cdot \pi \cdot r}$ und setzt r und h in V = r² · π · h ein.
G = 12,57 dm²; h = 3,00 dm; V = 37,7 dm³
G = 0,79 m²; h = 12,5 m; V = 9,82 m³

12 Zylinder links: r = 5 cm; h = 7 cm
V = 549,78 cm³; M = 219,91 cm²; O = 376,99 cm²
Zylinder rechts: r = 7 cm; h = 5 cm
V = 769,69 cm³; M = 219,91 cm²; O = 527,79 cm²

13 oben: V = 1881,6 m³ + 512,0 m³ = 2393,6 m³
O = 2 · 14,00 · 10,50 m² + 2 · 10,50 · 12,80 m² + 2 · 14,00 · 12,80 m² + 5 · 8,00 · 8,00 m² = 1241,20 m²
unten links: V = 216 cm³ + 64 cm³ = 280 cm³
O = 5 · 36 cm² + 5 · 16 cm² + (36 − 16) cm² = 280 cm²
oder
O = 6 · 36 cm² + 6 · 16 cm² − 2 · 16 cm² = 280 cm²
unten rechts: Berechnung des Volumens
V_W = 1000 cm³
V_P = G · P = $\frac{1}{2}$ · 100 · 5 cm³ = 250 cm³
V = V_W + W_P = 1000 cm³ + 250 cm³ = 1250 cm³
Berechnung der Oberfläche
fünf Flächen des Würfels: 5 · A_W = 500 cm²
eine halbe Würfelfläche: $\frac{1}{2}$ · A_W = 50 cm²
Mantelfläche des Prismas:
M = u · h = 34,1 · 5 cm² = 170,5 cm²
Deckfläche des Prismas:
D = $\frac{1}{2}$ · 100 cm² = 50 cm²
Die Oberfläche des zusammengesetzten Körpers
beträgt O = 500 cm² + 50 cm² + 170,5 cm² + 50 cm²
= 770,5 cm².

14 a) V_1 = 10² · π · x
V_2 = x² · π · 20
Man setzt die beiden Gleichungen gleich und berechnet x.
10² · π · x = x² · π · 20
20 x² − 100 x = 0, x = 0 cm (nicht möglich) oder
x = 5 cm.
Man muss also x = 5 cm wählen.

b) $O_1 = 2 \cdot \pi \cdot 10^2 + 2 \cdot \pi \cdot 10 \cdot x$
$O_2 = 2 \cdot \pi \cdot x^2 + 2 \cdot \pi \cdot 20 \cdot x$
Man setzt die beiden Gleichungen gleich und berechnet x.
$2 \cdot \pi \cdot 10^2 + 2 \cdot \pi \cdot 10 \cdot x = 2 \cdot \pi \cdot x^2 + 2 \cdot \pi \cdot 20 \cdot x$
$100 + 10x = x^2 + 20x$
$x^2 + 10x - 100 = 0$
Mit der p-q-Formel erhält man $x = 6{,}18\,\text{cm}$ oder $x = -16{,}18\,\text{cm}$ (nicht möglich).
Man muss also $x = 6{,}18\,\text{cm}$ wählen.

15 Der Drehkörper besteht aus zwei aufeinandergesetzten Zylindern.
$V_Z = r_1^2 \cdot \pi \cdot h_1 + r_2^2 \cdot \pi \cdot h_2$
$V_Z = 12^2 \cdot \pi \cdot 3 + 6^2 \cdot \pi \cdot 6 = 2035{,}75\,\text{cm}^3$
$O = 2\pi \cdot r_1 \cdot h_1 + 2\pi \cdot r_2 \cdot h_2 + 2 \cdot r_1^2 \cdot \pi$
$O = 2\pi \cdot 12 \cdot 3 + 2\pi \cdot 6 \cdot 6 + 2 \cdot 12^2 \cdot \pi = 1357{,}17\,\text{cm}^2$

Seite 142

Optimierung: ...

- individuelle Lösungen

- $V = (a - 2s) \cdot (b - 2s) \cdot s$
  - $V = 336\,\text{cm}^3$
  - $V = 144\,\text{cm}^3$
  - $V = 484\,\text{cm}^3$
  - $V = 800\,\text{cm}^3$

- Mögliche Lösung als Tabelle oder Graph:

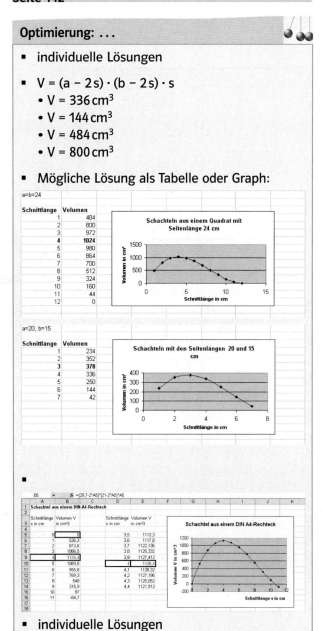

- individuelle Lösungen

■

B	C	D	E	F
a = 24 cm	b = 15 cm			
Schnittlänge s in cm	Volumen V in cm³		Schnittlänge s in cm	Volumen V in cm³
0	0		2,5	475
1	286		2,6	479,024
2	440		2,7	482,112
3	**486**		2,8	484,288
4	448		2,9	485,576
5	350		3	486
6	216		3,1	485,584
7	70		3,2	484,352
8	-64		3,3	482,328

■

a = 20 cm	b = 15 cm			
Schnittlänge s in cm	Volumen V in cm³		Schnittlänge s in cm	Volumen V in cm³
0	0		2,5	375
1	234		2,6	377,104
2	352		2,7	378,432
3	378		**2,8**	**379,008**
4	336		2,9	378,856
5	250		3	378
6	144		3,1	376,464
7	42		3,2	374,272
8	-32		3,3	371,448

a = 28 cm	b = 25 cm			
Schnittlänge s in cm	Volumen V in cm³		Schnittlänge s in cm	Volumen V in cm³
0	0		3,5	1323
1	598		3,6	1332,864
2	1008		3,7	1341,472
3	1254		3,8	1348,848
4	1360		3,9	1355,016
5	1350		4	1360
6	1248		4,1	1363,824
7	1078		4,2	1366,512
8	864		4,3	1368,088
9	630		**4,4**	**1368,576**
10	400		4,5	1368
11	198		4,6	1366,384
12	48		4,7	1363,752
13	-26		4,8	1360,128

f_x =(27-2*B9)^2*B9

B	C	D	E	F	G
a = 27 cm					
Schnittlänge s in cm	Volumen V in cm³		Schnittlänge s in cm	Volumen V in cm³	
0	0		4,1	1449,104	
1	625		4,2	1453,032	
2	1058		4,3	1455,808	
3	1323		4,4	1457,456	
4	1444		**4,5**	**1458**	
5	**1445**		4,6	1457,464	
6	1350		4,7	1455,872	
7	1183		4,8	1453,248	
8	968		4,9	1449,616	
9	729		5	1445	
10	490				
11	275				
12	108				
13	13				

a = 18 cm				
Schnittlänge s in cm	Volumen V in cm³		Schnittlänge s in cm	Volumen V in cm³
0	0		2,5	422,5
1	256		2,6	425,984
2	392		2,7	428,652
3	**432**		2,8	430,528
4	400		2,9	431,636
5	320		3	432
6	216		3,1	431,644
7	112		3,2	430,592
8	32		3,3	428,868
9	0		3,4	426,496

a = 20 cm				
Schnittlänge s in cm	Volumen V in cm³		Schnittlänge s in cm	Volumen V in cm³
0	0		2,8	580,608
1	324		2,9	584,756
2	512		3	588
3	**588**		3,1	590,364
4	576		3,2	591,872
5	500		**3,3**	**592,548**
6	384		3,4	592,416
7	252		3,5	591,5
8	128		3,6	589,824
9	36			
10	0			

- Eine Schachtel mit quadratischer Grundfläche ist am größten, wenn $s = \frac{a}{6}$
- individuelle Lösungen
- Für a = 72 cm und b = 27 cm ist die Schachtel mit s = 6 cm am größten. Sie hat ein Volumen von 5400 cm³ und eine Innenfläche von 1800 cm², was einem Preis von 1800 € entspricht.
Für a = b = 42 cm ist die Schachtel mit s = 7 cm am größten. Sie hat ein Volumen von 5488 cm³ und eine Innenfläche von 1568 cm², was einem Preis von 1568 € entspricht.
Obwohl das Volumen der quadratischen Schachtel größer ist, ist die Innenfläche kleiner.

Seite 144

16 a) Die Oberfläche des ganzen Zylinders ist O = 351,86 cm².
Die Oberfläche des halben Zylinders ist
$O_{\frac{z}{2}} = \frac{351,86}{2} + 8 \cdot 10 = 255,93 \text{ cm}^2$
Die Oberfläche des Zylinderviertels ist
$O_{\frac{z}{4}} = \frac{351,86}{4} + 2 \cdot 4 \cdot 10 = 167,97 \text{ cm}^2$.
b) $2 \cdot O_{\frac{z}{2}} = 511,86 \text{ cm}^2$
$\frac{2 \cdot O_{\frac{z}{2}}}{O} = 1,45$; die Oberfläche ist um 45 % größer.
$4 \cdot O_{\frac{z}{4}} = 671,88 \text{ cm}^2$
$\frac{4 \cdot O_{\frac{z}{4}}}{O} = 1,91$; die Oberfläche ist um 91 % größer.

17 a) $V = r^2 \cdot \pi \cdot h = (4e)^2 \cdot \pi \cdot 6e = 96\pi e^3$
$O = 2\pi \cdot r \cdot h + 2 \cdot \pi r^2 = 2\pi \cdot 4e \cdot 6e + 2 \cdot \pi(4e)^2$
$= 80\pi \cdot e^2$
b) $V = r^2 \cdot \pi \cdot h = (5,5e)^2 \cdot \pi \cdot 3e = 90,75\pi e^3$
$O = 2 \cdot \pi \cdot r \cdot h + 2 \cdot \pi r^2$
$= 2\pi \cdot 5,5e \cdot 3e + 2 \cdot \pi(5,5e)^2 = 93,5\pi \cdot e^2$

18 a) Es ergeben sich leicht unterschiedliche Flächenwerte für die jeweiligen Querschnitte. Dies liegt daran, dass es sich beim echten Querschnitt nicht um ein richtiges Trapez handelt, das unseren Berechnungen zugrunde liegt.
Urquerschnitt: A = 399,15 m²
Erweiterung 1914: A = 805,75 m²
Erweiterung 1966: A = 1386 m²
b) 0,001353 km² · 98,7 km = 0,1335411 km³

19 a) Der Würfel hat eine Oberfläche von
$O = 6 \cdot a^2 = 6 \cdot 10^2 = 600 \text{ cm}^2$.
Der Mantel eines Zylinders ist
$M = 2\pi \cdot r \cdot h = 2\pi \cdot 5 \cdot 10 = 314,16 \text{ cm}^2$.
Bei sechs Zylindern sind das $6 \cdot 314,16 = 1884,95 \text{ cm}^2$.
Die gesamte Oberfläche ist die Summe aus der Oberfläche des Quadrats und den Mantelflächen der Zylinder (die Begründung findest du in Teilaufgabe b). Die Oberfläche ist dann 2484,96 cm².
b) Sven hat sich überlegt, dass er zur Oberfläche des Quadrats sechs Oberflächen der Zylinder addieren muss. Die Oberfläche eines Zylinders besteht aus der Mantelfläche und zwei Grundflächen. Da eine Grundseite den Würfel berührt, muss er eine Grundfläche von der Zylinderoberfläche abziehen und eine zweite Fläche dieser Größe von der Seitenfläche des Würfels. Das bedeutet, dass er (für eine Würfelseite und einen Zylinder) zweimal die Grundseite addiert und sie dann zweimal wieder subtrahiert. Um die Oberfläche zu berechnen, muss er folglich nur die Oberfläche des Würfels und die sechs Mantelflächen addieren.

20 Schrägbild in halber Größe:

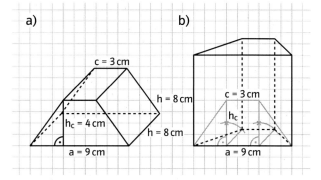

21 $V_z = \pi \cdot h \cdot (r_a^2 - r_i^2)$

Der Innenradius ist $r_i = \frac{d_a}{2} - w$. Man berechnet zunächst das Volumen eines Rohres der Länge 1 m = 10 dm.

A $r_i = 11,5$ mm $= 0,115$ dm
$V_z = \pi \cdot 10 \cdot (0,125^2 - 0,115^2) = 0,0754$ dm³
Ein Meter des Rohrs wiegt $0,0754 \cdot 7,85 = 0,59$ kg

B $r_i = 136,5$ mm $= 1,365$ dm
$V_z = \pi \cdot 10 \cdot (1,619^2 - 1,365^2) = 23,81$ dm³
Ein Meter des Rohrs wiegt $23,81 \cdot 7,85 = 186,92$ kg.

C $r_i = 342,8$ mm $= 3,428$ dm
$V_z = \pi \cdot 10 \cdot (3,555^2 - 3,428^2) = 27,86$ dm³
Ein Meter des Rohrs wiegt $27,86 \cdot 7,85 = 218,71$ kg.

Rohrtyp A hat einen Außendurchmesser von etwa einem Inch, bei Rohrtyp B beträgt die Wanddicke einen Inch.

7 Lineare Funktionen

Auftaktseite: Handytarife

Seiten 146 und 147

- Hat man die Tarife Einsteiger, Normal und Profi zur Auswahl, dann sollte man bei 70 SMS pro Monat das Tarifmodell „Einsteiger" wählen, da man dort 5 € + 30 · 0,19 € = 10,70 Euro bezahlt und der nächste Tarif teurer ist. Bis 100 SMS pro Monat lohnt sich jedoch der Tarif „Normal" für 15 Euro, denn mit dem Tarif „Einsteiger" würde man 5 € + 60 · 0,19 € = 16,40 Euro bezahlen. Versendet man im Monat 220 SMS, bezahlt man mit dem Tarif „Normal" 15 € + 70 · 0,19 € = 28,30 Euro. Man wählt dann also besser den Tarif „Profi".
- Da Nora durchschnittlich etwa 140 SMS pro Monat schreibt, sollte sie den Tarif „Normal" wählen. Mit dem Tarif „Einsteiger" müsste sie nämlich etwa 24 Euro bezahlen.
- Max sollte den Tarif „Normal" wählen, bei dem er zu den Anschlusskosten 9,95 Euro bezahlt, beim Tarif „Einsteiger" müsste er zu der Anschlussgebühr 4,95 € + 50 · 0,19 € = 14,45 Euro bezahlen.
- Die Grundgebühr ist beim Tarif „Normal" 5 Euro teurer. Dafür kann man 26 SMS verschicken. Ab 127 SMS pro Monat ist also der Tarif „Normal" günstiger.
- In den Prospekten der Handyanbieter oder im Internet findet man die verschiedenen Tarife. Oft unterscheiden sich nicht nur die Grundgebühren, sondern auch die Kosten für das Versenden einer SMS oder die Anschlussgebühr bei den unterschiedlichen Anbietern.
- Die Kosten für die Hauptzeit, die Nebenzeit und das Wochenende sind Minutenpreise.
Wählt Lara den Tarif „Basic" muss sie 9,95 € + 30 · 0,49 € + 30 · 0,19 € + 60 · 0,09 € = 35,75 Euro bezahlen. Sie sollte deshalb den Tarif „Quality" wählen, bei dem sie für die gleichen Gesprächszeiten 19,95 € + 30 · 0,15 € + 30 · 0,15 € + 60 · 0,09 € = 34,35 Euro bezahlt.
- Kann sie die Freiminuten für ihre Telefonate in der Haupt- und Nebenzeit nutzen, lohnt sich der Tarif Premium, da sie für die 15 € Zusatzkosten 60 Freiminuten bekommt. Normal muss sie beim Tarif Basic für 30 Minuten in der Hauptzeit und 30 Minuten in der Nebenzeit 20,40 € bezahlen.

-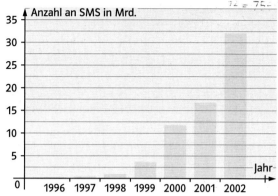

Ein Kreisdiagramm ist nicht geeignet, weil man die Entwicklung nicht gut ablesen kann. Ein Kreisdiagramm verwendet man zur Darstellung prozentualer Anteile.
- Jeder Bundesbürger verschickt im Jahr etwa 400 SMS; individuelle Lösungen.

1 Funktionen

Seite 148

Einstiegsaufgabe

→
Minuten	0	10	20	30	40	50	60
Pulsfrequenz	80	135	165	135	130	120	180

→ Svenjas Puls ändert sich zum Beispiel, wenn sie die Geschwindigkeit ändert oder wenn sich die Steigung im Gelände ändert.
→ Nach ca. 2 Minuten beträgt die Pulsfrequenz 100 Schläge pro Minute.
Nach ca. 18 Minuten beträgt die Pulsfrequenz 160 Schläge pro Minute.
Die Pulsfrequenz 200 Schläge pro Minute wurde nicht erreicht.

Seite 149

1 a) Gefahrene Strecke – Benzinverbrauch: Funktion, denn zu jeder gefahrenen Strecke kann man einen bestimmten Benzinverbrauch bestimmen.
Verkaufte Eintrittskarten – erzielte Einnahmen: Funktion, denn jeder Zahl verkaufter Eintrittskarten gehört eine bestimmte Einnahme.
Heizölvolumen – Rechnungsbetrag: Funktion, denn jedes Heizölvolumen kostet einen bestimmten Betrag.
Bahnfahrstrecke – Fahrpreis bzw. Fahrpreis – Bahnfahrstrecke: Zu jeder Bahnstrecke gehört ein be-

stimmter Fahrpreis und umgekehrt. Es ist keine Funktion, wenn man Spartarife etc. einbezieht, denn dann können 50 Bahnfahrstrecken den regulären und einen Spartarifpreis haben.
Porto – Briefgewicht: keine Funktion, denn für einen Portobetrag kann man Briefe verschiedenen Gewichts abschicken.
b) Beispiele: Kilometer, die ein Fußgänger oder ein Auto in einer bestimmten Zeit zurücklegt; Menge des Wassers, das in einer bestimmten Zeit aus dem Wasserhahn läuft; Temperaturabnahme in einer bestimmten Zeit, wenn Kaffee abkühlt; ...
Für die Anzahl der Kilometer y, die ein Fußgänger in einer bestimmten Zeit x zurücklegt, kann man die Funktionsgleichung $y = 3x$ aufstellen.

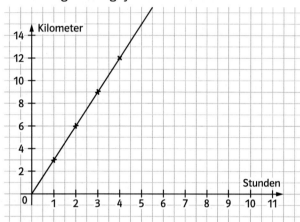

2 Zahl x und das Doppelte der Zahl y

x	-3	-2	-1	0	1	2	3
y	-6	-4	-2	0	2	4	6

Ja, es liegt eine Funktion vor. Die Funktionsgleichung lautet $y = 2x$.
Zahl x und die Summe aus der Zahl und 1

x	-3	-2	-1	0	1	2	3
y	-2	-1	0	1	2	3	4

Ja, es liegt eine Funktion vor. Die Funktionsgleichung lautet $y = x + 1$.
Zahl x und das Dreifache der Zahl

x	-3	-2	-1	0	1	2	3
y	-9	-6	-3	0	3	6	9

Ja, es liegt eine Funktion vor. Die Funktionsgleichung lautet $y = 3x$.

3 Die Schaubilder a), d) und e) gehören jeweils zu einer Funktion, denn jedem x-Wert wird ein eindeutiger y-Wert zugeordnet.
Bei den Schaubildern b), c) und f) ist das nicht der Fall.

4 Zur ersten Tabelle gehört die Funktionsgleichung $y = 2x + 1$, zur zweiten Tabelle gehört die Funktionsgleichung $y = x^2 - 1$ und zur dritten Tabelle gehört die Funktionsgleichung $y = \frac{1}{2}x - 2$.

5 a) $y = 2x$ b) $y = x - 3$
c) $y = 2x - 1$ d) $y = 2x + 3$

6 a) (3; 2) b) (7; -2)
c) (-2; 7) d) (1; 4)
e) (8; -3) f) (5,5; -0,5)

7 $y = \frac{1}{x}$: violettes Schaubild
$y = 2 \cdot x - 2$: blaue Gerade
$y = x + 3$: rote Gerade
$y = -x - 1$: gelbe Gerade

Seite 150

Funktionen sichtbar machen

- Die Kerze hat zu Beginn eine Länge von 20 cm. Pro Stunde wird sie um 0,8 cm kürzer.
- Erweitert man die Tabelle, so kann man ablesen, dass die Kerze nach 25 Stunden die Länge 0 hat, also abgebrannt ist.
- Ja. Um den Zeitpunkt zu berechnen, muss die Gleichung nach t umgeformt werden.
$t = \frac{1}{0,8} \cdot (20 - l)$
- $y = -\frac{1}{4}x^2 + \frac{1}{2}x + 2$

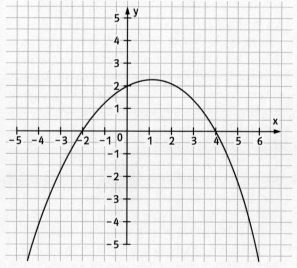

$y = \frac{3}{8}x^3 - \frac{9}{4}x^2 + 2x + 5$

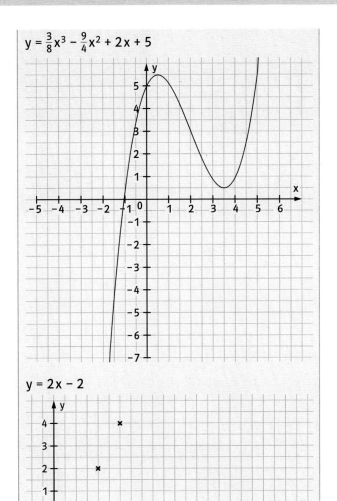

$y = 2x - 2$

$y = -x + 5$

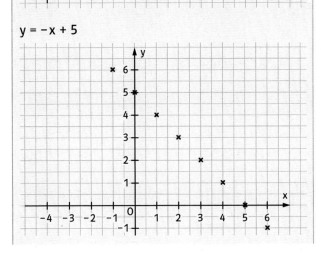

$y = 0,3x - 0,2$

$y = 0,5x + 0,5$

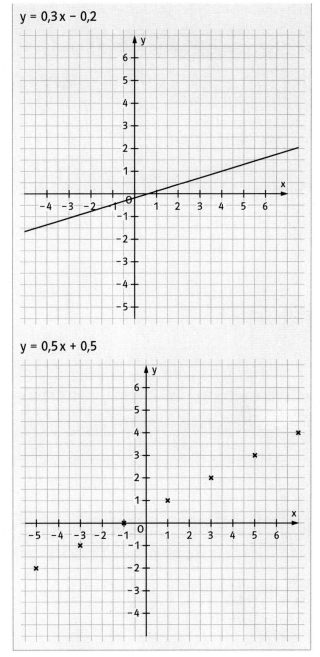

Seite 151

8 Man setzt jeweils den x-Wert des Punkts in die Gleichung ein und vergleicht, ob der berechnete Wert mit dem y-Wert des Punkts übereinstimmt.
Punkt A gehört zum Schaubild der Funktionsgleichungen g) und h).
Punkt B gehört zum Schaubild der Funktionsgleichung a).
Punkt C gehört zum Schaubild der Funktionsgleichungen c) und f).
Punkt D gehört zum Schaubild der Funktionsgleichung d).

9 a)

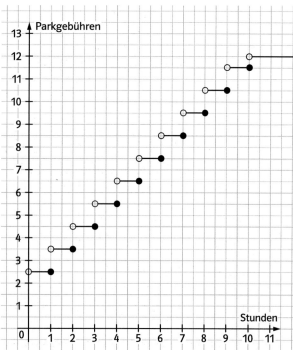

b) Frau Köhler muss 4,50 € bezahlen, Herr Winter 7,50 €.
c) Es ist zwischen 16.45 Uhr und 17.44 Uhr, da sie für acht Stunden bezahlen muss.
d) Das Tagesticket lohnt sich ab einer Parkzeit von 11 Stunden, da man für 11 Stunden sonst 12,50 € bezahlen müsste.

10 a) $y = 2x + 3$ b) $y = \frac{1}{2}x - 5$
c) $y = x \cdot (x + 1)$

11 x: Sekunden; y: Meter
in Luft: $y = 340x$
in Wasser: $y = 1450x$
in Stahl: $y = 5050x$

12 Individuelle Lösungen

13 a) $y = 2x - 1$

x	-3	-2	-1	0	1	2	3
y	-7	-5	-3	-1	1	3	5

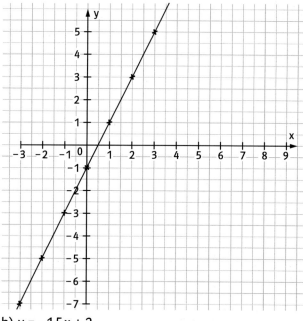

b) $y = -1,5x + 2$

x	-2	-1	0	1	2	3	4
y	5	3,5	2	0,5	-1	-2,5	-4

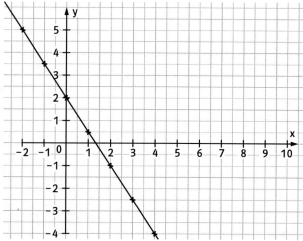

c) $y = -\frac{3}{x}$

x	-4	-3	-2	-1	0	1	2
y	0,75	1	1,5	3	nicht def.	-3	-1,5

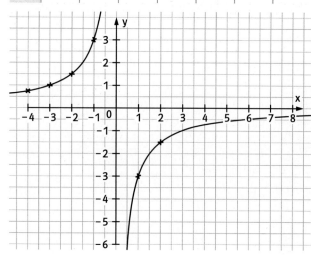

14 a) y = 3x − 2

x	−4	−3	−2	−1	0	1	2	3	4
y	−14	−11	−8	−5	−2	1	4	7	10

b) y = 2,5x + 1

x	−4	−3	−2	−1	0	1	2	3	4
y	−9	−6,5	−4	−1,5	1	3,5	6	8,5	11

c) y = −2x + 0,5

x	−4	−3	−2	−1	0	1	2	3	4
y	8,5	6,5	4,5	2,5	0,5	−1,5	−3,5	−5,5	−7,5

d) y = −x − 1,5

x	−4	−3	−2	−1	0	1	2	3	4
y	2,5	1,5	0,5	−0,5	−1,5	−2,5	−3,5	−4,5	−5,5

e) $y = \frac{1}{2}x + 2$

x	−4	−3	−2	−1	0	1	2	3	4
y	0	0,5	1	1,5	2	2,5	3	3,5	4

f) $y = -\frac{1}{4}x - 1,5$

x	−4	−3	−2	−1	0	1	2	3	4
y	−0,5	−0,75	−1	−1,25	−1,5	−1,75	−2	−2,25	−2,5

g) $y = (x - 1)^2$

x	−4	−3	−2	−1	0	1	2	3	4
y	25	16	9	4	1	0	1	4	9

h) $y = 2 - x^2$

x	−4	−3	−2	−1	0	1	2	3	4
y	−14	−7	−2	1	2	1	−2	−7	−14

a) bis d)

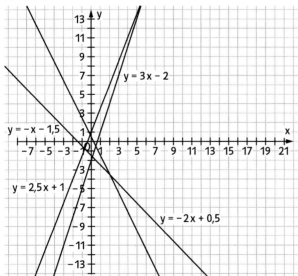

e) bis h)

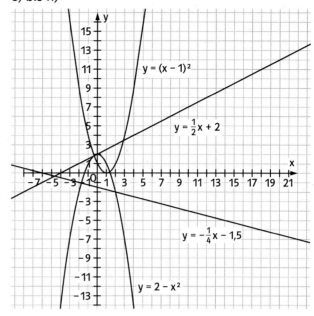

15 Rotes Schaubild: Jeder Zahl wird das Doppelte vermindert um 1 zugeordnet.
Violettes Schaubild: Jeder Zahl wird ihre Gegenzahl vermindert um 3 zugeordnet.
Blaues Schaubild: Jeder Zahl wird die Hälfte der Zahl vermehrt um 2 zugeordnet.

2 Proportionale Funktionen

Seite 152

Einstiegsaufgabe

→ Eisenbahn: $\frac{40}{1000} = \frac{4}{100} = 4\%$

Zahnradbahn: $\frac{280}{1000} = \frac{28}{100} = 28\%$

Standseilbahn: $\frac{750}{1000} = \frac{75}{100} = 75\%$

Schwebeseilbahn: $\frac{900}{1000} = \frac{90}{100} = 90\%$

→ Die Steigungen aus dem ersten Aufgabenteil geben an, in welchem Verhältnis sich die Höhe der Bahn ändert, wenn sie eine bestimmte Strecke gefahren ist. Multipliziert man die gefahrene horizontale Strecke s mit der Steigung, erhält man die zugehörige Höhe h.

Eisenbahn: $h = \frac{4}{100} \cdot s$

Zahnradbahn: $h = \frac{28}{100} \cdot s$

Standseilbahn: $h = \frac{75}{100} \cdot s$

Schwebeseilbahn: $h = \frac{90}{100} \cdot s$

Seite 153

1 a) Das Schaubild der Funktion verläuft vom Ursprung nach rechts oben. Erhöht man den x-Wert um 2, so vergrößert sich der y-Wert um 4, das be-

deutet, erhöht man den x-Wert um 1, so vergrößert sich der y-Wert um 2.
b) Das Schaubild der Funktion verläuft vom Ursprung nach rechts oben. Erhöht man den x-Wert um 6, so vergrößert sich der y-Wert um 1, das bedeutet, erhöht man den x-Wert um 1, so vergrößert sich der y-Wert um $\frac{1}{6}$.
c) Das Schaubild der Funktion verläuft vom Ursprung nach rechts oben. Erhöht man den x-Wert um 1, so vergrößert sich der y-Wert um 1.
d) Das Schaubild der Funktion verläuft vom Ursprung nach links oben. Erhöht man den x-Wert um 3, so vermindert sich der y-Wert um 2, das bedeutet, erhöht man den x-Wert um 1, so vermindert sich der y-Wert um $\frac{2}{3}$.
e) Das Schaubild der Funktion verläuft vom Ursprung nach links oben. Erhöht man den x-Wert um 1, so vermindert sich der y-Wert um 5.
f) Das Schaubild der Funktion verläuft vom Ursprung nach links oben. Erhöht man den x-Wert um 8, so vermindert sich der y-Wert um 2, das bedeutet, erhöht man den x-Wert um 1, so vermindert sich der y-Wert um $\frac{2}{8} = \frac{1}{4}$.

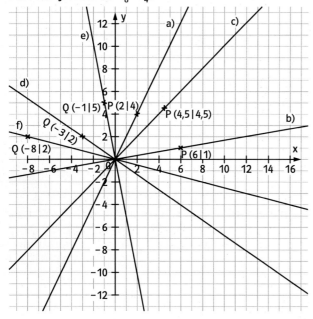

2 a)

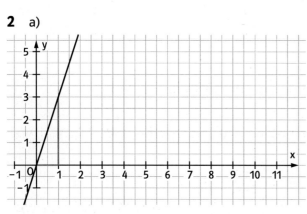

b) Die Ursprungsgerade verläuft durch den Punkt (1|−2).

c) Die Ursprungsgerade verläuft durch den Punkt (3|−6).
d) Die Ursprungsgerade verläuft durch den Punkt (−1|−4).

3 a) Die Gerade verläuft durch den 1. und 3. Quadranten. Sie ist flacher als die Gerade $y = x$.
b) Die Gerade verläuft durch den 2. und 4. Quadranten. Sie ist flacher als die Gerade $y = -x$.
c) Die Gerade verläuft durch den 2. und 4. Quadranten. Sie ist steiler als die Gerade $y = -x$.
d) Die Gerade verläuft durch den 1. und 3. Quadranten. Sie ist steiler als die Gerade $y = x$.

4 a)

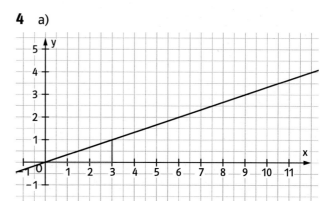

b) Die Ursprungsgerade verläuft durch (7|3).
c) Die Ursprungsgerade verläuft durch (3|4).
d) Die Ursprungsgerade verläuft durch (−5|4).
e) Die Ursprungsgerade verläuft durch (−1|0,3).
f) Die Ursprungsgerade verläuft durch (−1|2,3).

5 Die Gerade g_1 hat die Gleichung 6: $y = \frac{1}{4}x$.
Die Gerade g_2 hat die Gleichung 4: $y = \frac{1}{2}x$.
Die Gerade g_3 hat die Gleichung 1: $y = 2x$.
Die Gerade g_4 hat die Gleichung 7: $y = -3x$.
Die Gerade g_5 hat die Gleichung 8: $y = -\frac{3}{4}x$.

6 Die Gerade g_1 hat die Gleichung $y = \frac{1}{3}x$.
Die Gerade g_2 hat die Gleichung $y = \frac{3}{7}x$.
Die Gerade g_3 hat die Gleichung $y = \frac{5}{6}x$.
Die Gerade g_4 hat die Gleichung $y = 2x$.
Die Gerade g_5 hat die Gleichung $y = -5x$.
Die Gerade g_6 hat die Gleichung $y = -1x$.
Die Gerade g_7 hat die Gleichung $y = -\frac{2}{5}x$.

7 a) $P(6|3)$: $y = \frac{1}{2}x$
$P(3|6)$: $y = 2x$
$P(6|-3)$: $y = -\frac{1}{2}x$
b) $P(2|1)$: $y = \frac{1}{2}x$
$P(2|-1)$: $y = -\frac{1}{2}x$
$P(-2|-1)$: $y = \frac{1}{2}x$

c) P(−2|4): y = −2x
P(4|−2): y = −½x
P(−2|−4): y = 2x.

8 a) Ja, denn der Quotient aus y-Wert und x-Wert beträgt immer 3.
b) Ja, denn der Quotient aus y-Wert und x-Wert beträgt immer ½.

Randspalte

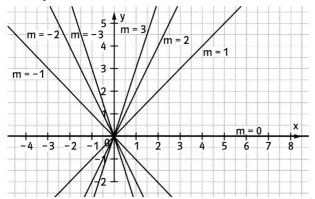

Ändert man das Vorzeichen der Steigung m, so erhält man die an der y-Achse gespiegelte Gerade.

Seite 154

9 a) $y = \frac{7}{2}x = 3,5x$
b) $y = \frac{7,5}{5}x = \frac{3}{2}x$
c) $y = \frac{2,8}{8,4}x = \frac{1}{3}x$

Um die Steigung der Funktionsgleichung zu bestimmen, muss man den Quotienten aus dem y- und dem x-Wert des Punkts bilden. Durch Kürzen kann man den Wert der Steigung manchmal vereinfachen.

10 a) $y = 5x > y = \frac{4}{3}x > y = 1,2x > y = x > y = \frac{1}{3}x > y = 0,2x$
b) $y = -0,5x < y = -\frac{2}{3}x < y = -x < y = -\frac{5}{4}x < y = -2,5x < y = -3x$

11 a) y_1 ist steiler als y_2. b) y_2 ist steiler als y_1.
c) y_1 ist steiler als y_2.   d) y_2 ist steiler als y_1.
e) y_1 ist steiler als y_2.

12 Der Graph, der flacher verläuft, gehört zu dem Gefäß mit rechteckiger Grundfläche, denn das Gefäß ändert seine Füllhöhe langsamer. Der Graph hat die Funktionsgleichung: $y = \frac{4}{50}x = \frac{2}{25}x$. Der Graph des anderen Gefäßes hat die Funktionsgleichung $y = \frac{4}{25}x$. Die Steigung des Graphen des quadratischen Gefäßes ist doppelt so groß wie die des rechteckigen. Die Füllhöhe steigt doppelt so schnell, also muss die quadratische Grundfläche halb so groß sein wie die rechteckige.

Randspalte
100 % Gefälle bedeutet, dass die Piste auf einem Zentimeter um einen Zentimeter fällt, sie fällt aber nur um etwa 0,6 Zentimeter und hat somit ein Gefälle von 60 %.

13 a) g_1: $y = \frac{1}{2}x$. Weitere Gitterpunkte sind zum Beispiel (1; 0,5), (3; 1,5), (5; 2,5).
b) y = x verläuft durch die Punkte A, H, O und V.
c) y = x
d) Gerade durch C und L: $y = \frac{1}{3}x$
Gerade durch I und X: $y = \frac{2}{3}x$
Gerade durch G und T: y = 2x

14 A liegt auf y = 1,5x
B liegt auf $y = \frac{1}{2}x$
C liegt auf y = 0,1x
D liegt auf y = −2x
E liegt auf y = −x
F liegt auf $y = \frac{2}{3}x$.

15 Bestimme vom gegebenen Punkt den Quotienten des y- und x-Wertes. Bestimme die fehlende Koordinate des zweiten Punkts so, dass dieser Punkt den gleichen Quotienten besitzt.
a) T(−4|6)
b) T(1|2)
c) T(1,5|−0,5)
d) T(6|−1,5)
e) T(1,5|4)
f) T(10,5|4,5)

16 Bestimme vom gegebenen Punkt den Quotienten des y- und x-Wertes. Bestimme die fehlende Koordinate des zweiten Punkts so, dass dieser Punkt den gleichen Quotienten besitzt.
a) B(6|9)
b) D(2,5|1,5)
c) F(1,5|13,5)
d) G(5|7,5)
e) K(−6|7,5)
f) L(6|−10)

3 Lineare Funktionen

Seite 155

Einstiegsaufgabe

Entfernung in km	0	1	2	3	4	5
Preis in €	2,50	4,00	5,50	7,00	8,50	10,00

→ Weil man zusätzlich zum Fahrpreis immer einen festen Zuschlag von 2,50 Euro bezahlen muss.

Seite 156

1 Kraftstoffvolumen – Kraftstoffpreis: proportionale Funktion, da der Quotient immer gleich ist.
Wärmezufuhr – Wassertemperatur: lineare Funktion, da Wasser schon eine bestimmte Temperatur hat, bevor man es erhitzt (x = 0).
Bahnstrecke – Fahrpreis: proportionale Funktion, da der Quotient immer gleich ist, das bedeutet, der Fahrpreis nimmt pro Kilometer immer um denselben Betrag zu.
Länge einer Kerze – Brenndauer: lineare Funktion, denn die Kerze hat zu Beginn (x = 0) eine bestimmte Länge.
Arbeitszeit – Rechnungsbetrag: proportionale Funktion, wenn der Handwerker nur seine Arbeitsstunden abrechnet oder lineare Funktion, wenn der Handwerker eine Pauschale für seine Anfahrt in Rechnung stellt.

2 Die Gerade g_1 hat die Gleichung $y = 2x + 1$.
Die Gerade g_2 hat die Gleichung $y = x + 1$.
Die Gerade g_3 hat die Gleichung $y = \frac{1}{2}x - 1$.
Die Gerade g_4 hat die Gleichung $y = -x - 1$.
Die Gerade g_5 hat die Gleichung $y = -\frac{1}{2}x + 1$.
Die Gerade g_6 hat die Gleichung $y = -2x + 2$.

3 a) (0|1); (2|5) b) (0|-1); (2|3)
c) (0|1); (2|-3) d) (0|-1); (2|-5)

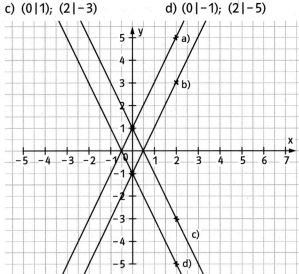

e) (0|-1); (2|-0,5) f) (0|2); $\left(2\left|3\frac{1}{3}\right.\right)$
g) (0|2,5); (2|1) h) (0|-0,5); (2|-2,1)

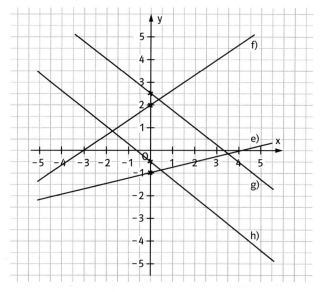

4

Gerade	Funktionsgleichung	y-Wert für x = 1,5	y-Wert für x = 3
g_1	$y = \frac{2}{3}x - 2$	-1	0
g_2	$y = \frac{2}{3}x - 1$	0	1
g_3	$y = \frac{2}{3}x$	1	2
g_4	$y = \frac{2}{3}x + 1$	2	3
g_5	$y = \frac{2}{3}x + 2$	3	4
g_6	$y = \frac{2}{3}x + 3$	4	5

Die Geradengleichungen unterscheiden sich lediglich im Wert für den y-Achsenabschnitt b. Vergleicht man y-Werte zu einem bestimmten x-Wert, so sieht man, dass sie sich um denselben Wert wie ihre y-Achsenabschnitte b unterscheiden.

5 Die Gerade g_1 hat die Gleichung $y = \frac{1}{2}x + 1$.
Die Gerade g_2 hat die Gleichung $y = x + 1$.
Die Gerade g_3 hat die Gleichung $y = 2x + 1$.
Die Gerade g_4 hat die Gleichung $y = -3x + 1$.
Die Gerade g_5 hat die Gleichung $y = -x + 1$.
Alle Geraden haben denselben Wert für b.

Seite 157

6 a) $y = \frac{3}{2}x - 1$
b) zum Beispiel:

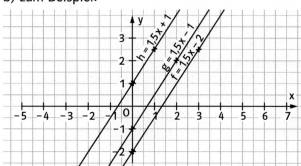

c) zum Beispiel:

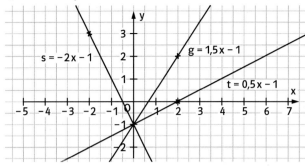

7 Um die Steigung m zu berechnen, setzt man b und den x- und y-Wert des angegebenen Punkts in die Gleichung y = mx + b ein und löst nach m auf.
a) $y = \frac{1}{3}x + 1$
b) $y = x + 2$
c) $y = -2x + 1$
d) $y = -\frac{3}{2}x - 3$

8 Die Gerade g_1 hat die Gleichung $y = \frac{1}{2}x + 1,5$.
Die Gerade g_2 hat die Gleichung $y = -\frac{3}{2}x - 1,5$.
Die Gerade g_3 hat die Gleichung $y = -x - 2,5$.
Die Gerade g_4 hat die Gleichung $y = \frac{1}{3}x - 1$.

9 Aus dem Punkt P liest man direkt den Achsenabschnitt b ab. Um die Steigung m zu berechnen, setzt man b und den x- und y-Wert des angegebenen Punkts in die Gleichung y = mx + b ein und löst nach m auf.
a) $y = x + 1$
b) $y = 3x + 1$
c) $y = -4x + 2$
d) $y = 6x - 3$
e) $y = -\frac{1}{2}x + 2$
f) $y = 2x + 2$

10 Parallel bedeutet, dass die neue Funktionsgleichung dieselbe Steigung hat wie die angegebene. Um den y-Achsenabschnitt b zu berechnen, setzt man diese Steigung und den x- und y- Wert des angegebenen Punkts in die Gleichung y = mx + b ein und löst nach b auf.
a) $y = 1,5x + 3$
b) $y = -0,5x - 4$
c) $y = \frac{3}{4}x + 3$

Lebende Geraden

- Alle Schülerinnen und Schüler müssen vier Einheiten nach oben (in Richtung der y-Achse) gehen, um die Gerade y = x + 3 darzustellen. Alle Schülerinnen und Schüler müssen drei Einheiten nach unten (in Richtung der y-Achse gehen), um die Gerade y = x − 4 darzustellen.
- Um die Gerade y = 2x − 1 darzustellen, müssen alle Schülerinnen und Schüler um den Schüler der am Punkt (0|−1) steht gegen den Uhrzeigersinn rotieren bis ein Schüler oder eine Schülerin auf dem Punkt (1|1) steht. Um die Gerade y = 0,5x − 1 darzustellen, müssen alle Schülerinnen und Schüler um den Schüler der

am Punkt (0|−1) steht im Uhrzeigersinn rotieren bis ein Schüler oder eine Schülerin auf dem Punkt (2|0) steht.
- Alle müssen eine Einheit unterhalb der x-Achse stehen.

Seite 158

11 Parallel sind die Geraden 3 und 6, die Geraden 4 und 8 und die Geraden 1 und 5.
Durch denselben Punkt der y-Achse gehen die Geraden 1, 2 und 7, die Geraden 3 und 8, die Geraden 5 und 6 und die Geraden 4 und 9.

12 a) $y = -\frac{6}{5}x + 6,8$
b) $y = 3x + 8$
c) $y = \frac{1}{2}x - 4$
d) $y = \frac{1}{3}x - 2$
e) $y = -\frac{3}{4}x - 3$
f) $y = -\frac{4}{5}x + 1,5$

13 Mögliche Gleichungen sind
a) y = 0,5x + 2 oder y = 3x + 0,75. Die Geraden müssen eine positive Steigung m und einen positiven y-Achsenabschnitt b haben.
b) y = −5x + 2 oder y = −0,3x + 2,5. Die Geraden müssen eine negative Steigung m und einen positiven y-Achsenabschnitt b haben.
c) y = −2,5x oder y = −0,8x. Die Geraden müssen Ursprungsgeraden mit einer negativen Steigung m sein.
d) y = −2x − 1,5 oder y = −0,4x − 1. Die Geraden müssen eine negative Steigung m und einen negativen y-Achsenabschnitt b haben.

14 Die Gerade durchläuft nicht den Quadranten
a) 4
b) 1
c) 2
d) 3
e) 2
f) 3

15 a) $y = \frac{1}{2}x + 1$
Um die Geraden zu finden, kann man ein Lineal zur Hilfe nehmen und es verschieben, bis man eine der gesuchten Geraden gefunden hat.
b) Die Geraden y = x + 2 oder y = x − 2 oder y = −x + 4 gehen durch jeweils drei der markierten Punkte. y = x + 1 oder y = −x + 5 gehen jeweils durch vier der markierten Punkte.
c) y = 1 oder y = 2 oder y = 3 oder y = 4 oder y = 5
d) zum Beispiel y = 2,5x + 1

Zwei Punkte sind genug

- g: m = 2; h: m = −1,5; i: m = $\frac{2}{3}$; j: m = $-\frac{4}{7}$
- Fehler im 1. Druck des Schülerbuchs: Der Punkt Q muss die Koordinaten Q(2|−6) haben. Für die Gerade g beträgt die Steigung m = $\frac{12}{5}$, für die Gerade h ist m = $-\frac{12}{5}$. Spiegelt man die Gerade g an der y-Achse, so erhält man die Gerade h.
- Ja, die Gerade, auf der alle drei Punkte liegen, hat die Gleichung y = 0,5 x − 2.
- Nein, denn die Gerade g hat die Steigung m = 0,5, die Gerade h hat die Steigung m = 0,45.

Seite 159

Zu schwer oder zu klein

- Ein 1,90 m großer Mann sollte etwa 81 kg wiegen, ein 85 kg schwerer Mann sollte etwa 194 cm groß sein. Um die Größe für einen 150 kg schweren Mann zu bestimmen, setzt man 150 für y in die Formel ein und löst nach x auf. Man berechnet, dass der Mann 267 cm groß sein müsste.
- Man kann am Schaubild sehen, dass die Gerade für eine Größe von 100 cm negative Werte für das Gewicht ergibt. Man kann also keinen sinnvollen (positiven) Wert bestimmen.
- Sie ist über 1,95 m groß.
- Der Mann wiegt über 81 kg.
- Der BMI beträgt:
Jörg Ritzerfeld: 18,9
Georg Späth: 19,6
Janne Ahonen: 19,7
Sigurd Pettersen: 18,5
- Der BMI beträgt:
Yokozuna Akebono: 57,3   Shaquille O'Neal: 30,6

4 Modellieren mit Funktionen

Seite 160

Einstiegsaufgabe

→ Lara benötigt noch 1000 €. Bei 9 € Stundenlohn muss sie 112 Stunden arbeiten. Da sie täglich 8 Stunden arbeitet, benötigt sie 14 Tage. Arbeitet sie 5 Tage in der Woche, hat sie nach drei Arbeitswochen das Geld für den Roller zusammen.

→ Geht sie 7 Stunden arbeiten, hat sie das Geld nach 16 Arbeitstagen, also nach gut 3 Wochen, zusammen.

Seite 161

1 Realsituation: Wie viele Zentimeter brennt die Kerze in einer Stunde ab?
Mathematisches Modell: Die Kerze war um 9 Uhr 14 cm lang. In drei Stunden sind 4,5 cm der Kerze abgebrannt. Lösungsansatz über eine Gleichung. Die Variable x bezeichnet die Brenndauer, die Variable y die Länge der Kerze. Die Uhrzeit 9:00 Uhr setzt man als Zeitpunkt x = 0.
Mathematische Ergebnisse: y = 14 − 1,5 x
a) Um 8:00 Uhr (x = −1) war die Kerze 15,5 cm lang. Um 17:00 Uhr (x = 8) wird die Kerze noch 2 cm lang sein.
b) Ursprünglich, d.h. um 7:00 Uhr (x = −2), war die Kerze 17 cm lang.
c) Man berechnet, wann die Länge der Kerze y = 0 cm beträgt. Dies ist nach $9\frac{1}{3}$ Stunden der Fall. In der Realität wird die Kerze jedoch nicht völlig abbrennen, weil der Docht in das geschmolzene Wachs fällt oder der Docht nicht bis ganz zum Ende reicht. Die Kerze wird deshalb eher nach 9 Stunden, also um 18:00 Uhr verlöschen.
d) Man geht genauso vor wie bei den obigen Überlegungen.
Realsituation: Wie lang war die Kerze zu Beginn und nach welcher Zeit ist sie abgebrannt?
Mathematisches Modell: Da die Kerze doppelt so schnell abbrennt, d.h. 3 cm pro Stunde, lautet die zugehörige Funktionsgleichung y = −3·x + b. Setzt man die gegebenen Werte ein (nach 3 Stunden noch 10 cm), erhält man b = 19. Die Kerze war also am Anfang 19 cm lang. Setzt man y = 0, erhält man x = $6\frac{1}{3}$.

Reale Ergebnisse: Die Kerze ist dann nach $6\frac{1}{3}$ Stunden abgebrannt, also um 13:20 Uhr. Auch hier wird sie aber etwas vorher erlöschen (s. Teilaufgabe c)).

2 a) Realsituation: Wie hoch müssen die Kosten für eine Minute sein, falls die Grundgebühr entfallen soll und die Telefongesellschaft die gleichen Einnahmen haben möchte?
Mathematisches Modell: Wird an 30 Tagen durchschnittlich 30 Minuten telefoniert, betragen die bisherigen Einnahmen: Grundgebühr + Gesprächskosten: 19,95 € + 30 · 30 · 0,09 € = 100,95 €.
Mathematische Ergebnisse: 100,95 = 30 · 30 · x
x = 0,112 (gerundet)
Reales Ergebnis: Die Telefongesellschaft wird 12 Cent pro Minute berechnen müssen, um genauso viel Geld einzunehmen.
b) Erhöht sich die Gesprächsdauer um 50 %, wird pro Tag im Schnitt 45 Minuten telefoniert. Damit erhält man mit dem alten Tarif:
19,95 € + 45 · 30 · 0,09 € = 141,45 €.
Die Telefongesellschaft muss also jetzt den Preis pro Minute auf $x = \frac{141,45}{45} \cdot 30 = 0{,}104\,€$, also 11 ct, erhöhen, um den gleichen Gewinn zu machen wie vor der Tarifänderung.

3 Realsituation: Welches der beiden Angebote ist günstiger?
Mathematisches Modell: Bei Meisterfoto bezahlen die Schwans pro Foto (je nach Größe) 15 ct, 17 ct oder 30 ct, bei Fotoservice bezahlen sie 15 ct, 22 ct oder 33 ct.
Mathematische Ergebnisse: Es ergeben sich für 80 Fotos für die verschiedenen Angebote folgende Werte:
Format 9 × 13 cm:
y = 80 · 0,15 € = 12,00 € (bei beiden Anbietern)
Format 10 × 15 cm:
y = 80 · 0,17 € = 13,60 € bzw. y = 80 · 0,22 € = 17,60 €
Format 13 × 18 cm:
y = 80 · 0,30 € = 24,00 € bzw. y = 80 · 0,33 € = 26,40 €
Wählen die Schwans das kleinste Format, ist es egal, zu welchem Anbieter sie gehen. Für die beiden größeren Bildformate sollten sie die Fotos bei Meisterfoto bestellen.
Wird es für die Schwans günstiger, wenn sei einige Fotos doppelt bestellen und dafür dann bei Meisterfoto den Rabattpreis für die Stückzahl ab 100 Fotos zahlen?
Format 9 × 13 cm: y = 100 · 0,09 € = 9,00 €
Format 10 × 15 cm: y = 100 · 0,12 € = 12,00 €
Format 13 × 18 cm: y = 100 · 0,19 € = 19,00 €
Reales Ergebnis: Familie Schwan sollte auf jeden Fall bei Meisterfoto ihre Bilder bestellen. Sie sollten einige Bilder doppelt bestellen und damit auf insgesamt 100 Bilder kommen, dann zahlen sie bei allen Formaten den geringsten Preis.

4 a) Anna hat Recht. 10 Stunden kosten 10 · 3,00 € = 30,00 €, 9 Stunden kosten 9 · 3,60 € = 32,40 €. Ein Telefonat über 50 Stunden kostet 50 · 2,40 € = 120,00 €, ein Telefonat über 45 Stunden 45 · 3,00 € = 135,00 €. Ein Telefonat über 45 Stunden ist teurer.

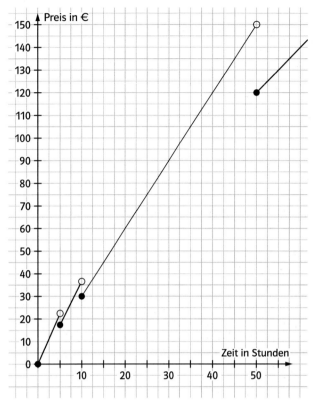

Seite 162

5 a) Tina muss für die 2 · 6 = 12 Fahrten 540 € bezahlen, wenn sie keine BahnCard besitzt.
Eine BahnCard lohnt sich, wenn reduzierter Fahrpreis: Preis der BahnCard < Normalpreis.
Das heißt: Damit sich eine BahnCard lohnt, muss der Betrag, den man mit ihr bei den gesamten Fahrten spart, mindestens dem Preis der BahnCard entsprechen.
Mit der BahnCard 25 spart Tina 0,25 · 540 € = 135 €. Sie muss allerdings für die Karte 50 € zahlen. Damit kosten die Fahrten: 540 € − 135 € + 50 € = 455 €.
Mit der BahnCard 50 muss Tina noch folgenden Preis zahlen: 540 € : 2 + 200 € = 470 €.
Mit der BahnCard 100 zahlt Tina zwar für die Fahrten nichts, muss jedoch pro Jahr 3250 € zahlen. Damit würde sich für Tina die BahnCard 25 am ehesten lohnen.
b) Noah muss für die 12 Fahrten 792 € bezahlen, wenn er keine BahnCard besitzt.
Die BahnCard 100 lohnt sich nicht, da die Fahrtkosten nicht über dem Jahrespreis dieser Card liegen.
Mit der BahnCard 25 muss Noah noch
792 € − 198 € + 50 € = 644 € im Jahr zahlen.

Mit der BahnCard 50 liegt der Preis für die Fahrten im Jahr bei 792 € : 2 + 200 € = 590 €.
Damit sollte sich Noah die BahnCard 50 kaufen.
c) Herr Schmid muss für die 72 Fahrten im Jahr 6840 € zahlen, wenn er keine BahnCard besitzt.
Mit der BahnCard 25 kosten die Fahrten pro Jahr nur noch 6840 € − 1710 € + 50 € = 5180 €.
Die BahnCard 50 bringt eine Vergünstigung von 3420 €. Damit muss Herr Schmid nur noch 3420 € + 200 € = 3620 € zahlen.
Für die BahnCard 100 muss Herr Schmid zwar 3250 € im Jahr zahlen, hat dafür aber keine Fahrtkosten. Damit ist die BahnCard 100 für Herrn Schmid die günstigste Variante.

6 a) Der Monatstarif lohnt sich, wenn 7 · Tagesmiete < Monatsmiete + Preis für die gefahrenen Kilometer.
Frau Specht bezahlt mit der Tagespauschale für 7 Tage 7 · 69 € = 483 €.
Die Monatsmiete beträgt 399 €. Die Differenz der Angebote ist 483 € − 399 € = 84 €.
Bei einem Kilometerpreis von 0,03 € kann Frau Specht 84 : 0,03 = 2800 km fahren.
Die Tagesmiete lohnt sich bei 7 Tagen nur, wenn sie in dieser Zeit mehr als 2800 km fährt.
b) Die Überlegungen sind die gleichen wie in Teilaufgabe a)
Herr Seidel bezahlt mit der Tagespauschale 21 · 69 € = 1449 €.
Die Monatsmiete beträgt 399 €. Die Differenz der Angebote ist 1449 € − 399 € = 1050 €.
Bei einem Kilometerpreis von 0,03 € kann Herr Seidel 1050 : 0,03 = 35 000 km fahren.
Auch wenn Herr Seidel viel unterwegs ist, wird er in drei Wochen vermutlich keine 35 000 km fahren. Für ihn lohnt sich also die Monatsmiete.

7 a) In fünf Jahren haben die Besucherzahlen um 1 070 000 − 840 000 = 230 000 Besucher zugenommen. Das sind pro Jahr etwa 46 000 Besucher mehr.
Im Jahr 2008 sind also 1 070 000 + 46 000 = 1 116 000, im Jahr 2009 sind 1 116 000 + 46 000 = 1 162 000 Besucher und im Jahr 2010 sind 1 162 000 + 46 000 = 1 208 000 Besucher zu erwarten.
b) Statt 46 000 Besucher pro Jahr mehr sind dann 92 000 Besucher mehr zu erwarten.
Im Jahr 2011 kann man demnach mit 1 208 000 + 92 000 = 1 300 000 Besuchern zu rechnen.

Taxitarife

- Der Preis für die Nachmittagsfahrt beträgt Grundtarif + 12 · Arbeitstarif + $\frac{10}{60}$ · Zeittarif, also 2,40 € + 12 · 1,50 € + $\frac{1}{6}$ · 30 € = 25,40 €.
Der Preis für die Nachtfahrt beträgt Grundtarif + 12 · Arbeitstarif + $\frac{2}{60}$ · Zeittarif, also 2,40 € + 12 · 1,70 € + $\frac{1}{30}$ · 30 € = 23,80 €. Frau Berg zahlt insgesamt 49,20 €. Die Nachtfahrt ist 1,60 € günstiger. Das sind $\frac{1,60 €}{25,40 €}$ · 100 = 6,3 %. Die Nachtfahrt ist 6,3 % billiger.

- Die Fahrt berechnet sich durch Grundtarif + km · Arbeitstarif + Zeittarif, also 2,40 € + x · 1,50 € + 9 € = 36,90 €, x = 17 km. Die Wartezeit betrug 30 € · $\frac{x}{60}$ = 9 €, x = 18 Minuten. Nach 22 Uhr kostet die Fahrt 2,40 € + 17 · 1,70 € + 4,50 € = 35,80 €.

- 2,40 € + x · 1,90 € + $\frac{z}{60}$ · 30 € = p, dabei ist x die Kilometerzahl (in km), z die Wartezeit (in Minuten) und p der Preis.
Problematisch ist, dass in der Funktionsgleichung weder die Kilometerzahl noch die Wartezeit festgelegt sind. Man hat also zwei Variablen.

Seite 163

Ausgleichsgeraden

- Individuelle Lösungen. Fragt eventuell euren Physiklehrer, ob er euch einige Tipps geben kann, wie und wo an eurer Schule ihr die Ausbreitung des Schalls am besten untersuchen könnt.

-

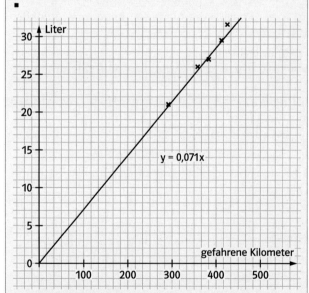

- Der durchschnittliche Verbrauch beträgt 7,1 l je 100 km.

- Frau Sommer kann voraussichtlich etwa 510 Kilometer fahren.

- Mit einem Tabellenkalkulationsprogramm erhält man das Schaubild für den Durchschnittsverbrauch von Frau Sommers Wagen: Die Funktionsgleichung der Ausgleichsgeraden lautet y = 0,0793 · x − 2,8395, dabei x: gefahrene Kilometer, y: verbrauchte Liter Kraftstoff.
Man hätte aber bei dieser Ausgleichsgeraden für 0 gefahrene Kilometer einen Spritverbrauch von −2,8395 l. Damit die Gerade durch den Ursprung verläuft, nimmt man unter „Optionen" die Anpassung „Schnittpunkt = 0" vor.

Üben • Anwenden • Nachdenken

Seite 165

1 Proportional: Benzinvolumen – Benzinpreis; Zeit – zurückgelegte Strecke; Zeit – Höhe der Gondel; Strommenge – Strompreis
Linear: Uhrzeit – Luftdruck; gefahrene Kilometer – Taxigebühr
Keine Funktion: Luftdruck – Uhrzeit (Denn einem Wert für den Luftdruck können mehrere Zeiten zugeordnet sein.)

2

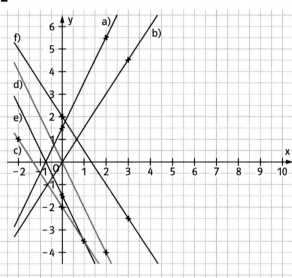

3 a) $f(x) = x + 2$

x	−2	−1	0	1	2	3	4
y	0	1	2	3	4	5	6

b) $f(x) = 2x + 1$

x	1	2	3	4	0	−1	−2
y	3	5	7	9	1	−1	−3

c) $f(x) = x^2 − 2$

x	3	2	1	0	−1	−2	−3
y	7	2	−1	−2	−1	2	7

4

	A(6|1)	B(0|2,5)	C(1|4)	D(10|3)
$f(x) = \frac{1}{2}x − 2$	ja	nein	nein	ja
$f(x) = 3 + x^2$	nein	nein	ja	nein
$f(x) = \frac{4}{10 − x}$	ja	nein	nein	nein
$f(x) = \frac{x − 5}{x − 2}$	nein	ja	ja	nein

5 a) Im ersten Quadranten
b) Im zweiten Quadranten
c) Im dritten Quadranten

6 g_1: $y = \frac{1}{4}x + \frac{1}{2}$ g_2: $y = 3x − 1,5$
g_3: $y = -\frac{3}{2}x + 2$ g_4: $y = -\frac{1}{2}x − \frac{1}{2}$

7 a) X(4\|0) und Y(0\|4)
b) X(10\|0) und Y(0\|5)
c) X(−2\|0) und Y(0\|3)
d) X(8\|0) und Y(0\|−2)

8 P3; Q1; R4; S2

9 a) Bourg-d'Oisans nach Pied de côte:
$\frac{740\,m - 720\,m}{1500\,m} = \frac{20\,m}{1500\,m} = \frac{2\,m}{150\,m} = 0{,}013 = \frac{1{,}3}{100} = 1{,}3\%$
Pied de côte nach La Garde:
$\frac{237\,m}{2500\,m} = 0{,}0948 = \frac{9{,}48}{100} = 9{,}48\%$
La Garde nach Le Ribot:
$\frac{163\,m}{2000\,m} = 0{,}0815 = \frac{8{,}15}{100} = 8{,}15\%$
Le Ribot nach Huez-en-Oisans:
$\frac{275\,m}{3500\,m} = 0{,}0786 = \frac{7{,}86}{100} = 7{,}86\%$
Huez-en-Oisans nach L'Alpe-d'Huez (entrée):
$\frac{265\,m}{3000\,m} = 0{,}0883 = \frac{8{,}83}{100} = 8{,}83\%$
L'Alpe-d'Huez (entrée) nach L'Alpe-d'Huez:
$\frac{170\,m}{3000\,m} = 0{,}0567 = \frac{5{,}67}{100} = 5{,}67\%$
b) Gesamtsteigung: $\frac{1130\,m}{15\,500\,m} = 0{,}0729 = \frac{7{,}29}{100} = 7{,}29\%$
Vier der sechs Streckenabschnitte sind sehr viel steiler als die Gesamtsteigung. Die Gesamtsteigung veranschaulicht also nicht sehr gut, wie steil oder flach einzelne Teilstücke sind.

Randspalte
Die Steigungen der einzelnen Teilstücke vom Start bis zum Ziel lauten:
$m_1 = \frac{4}{3}$; $m_2 = 2$; $m_3 = 4$; $m_4 = -\frac{3}{2}$; $m_5 = -\frac{2}{3}$; $m_6 = 1$; $m_7 = 4$

Seite 166

Schaubilder erzählen Geschichten

- Die rote Gerade zeigt, wo Forstmeister Fichte sich zu welcher Zeit befindet. Er läuft in einem gleichmäßigen Tempo vom Waldrand zur Jagdhütte. Die blaue Gerade zeigt, dass Bello in doppeltem Tempo zur Jagdhütte rast (Steigung doppelt so groß), und von dort mit gleicher Geschwindigkeit bis zu Forstmeister Fichte zurück läuft. Dann rennt er erneut zur Jagdhütte ...

- Zu Schaubild (1) gehört der Text (C). Kim sprintet los, läuft dann mit langsamem Tempo weiter, bleibt längere Zeit stehen, wobei Sarah an ihr vorbeiläuft, und sprintet noch einmal, aber nicht ganz so schnell wie am Anfang.
Zu Schaubild (2) gehört der Text (A). Kim sprintet los, läuft langsam, sprintet erneut, läuft dann wieder langsam, sprintet noch einmal und bleibt dann stehen, bis Sarah kommt.
Zu Schaubild (3) gehört der Text (B). Kim beginnt sehr langsam und steigert ihr Tempo viermal leicht.

10 Individuelle Lösungen
Als Hilfe: zeichne zuerst in ein vorgefertigtes Koordinatensystem Geraden mit den angegebenen Steigungen ein. Zeichne zu jeder Geraden das Steigungsdreieck. Miss dann die Winkel des Steigungsdreiecks, die an die Gerade angrenzen und die Länge der Seiten des Steigungsdreiecks.
Wenn man nun eine beliebige Gerade zeichnet, geht man wie folgt vor:
Man zeichnet an einer beliebigen Stelle das Steigungsdreieck ein. Achte darauf, welche Seite des Dreiecks deine „Zähler"- und welches deine „Nenner"-Seite ist.
Man verlängert nun die „Nenner"-Seite des Steigungsdreiecks. Falls die gegebene Gerade keinen y-Achsenabschnitt hat, ist diese Geraden die x-Achse.
Nun zeichnet man zur „Zähler"-Seite des Dreiecks eine Parallele, die durch die andere Ecke des Steigungsdreiecks geht. Diese Parallele ist die y-Achse.
Hat die vorgegebene Gerade einen y-Achsenabschnitt b, muss man die eben gezeichnete x-Achse noch parallel nach oben verschieben, falls der y-Achsenabschnitt b negativ ist. Sie wird nach unten verschoben, falls der y-Achsenabschnitt positiv ist.

11 Jeweils zwei der Geraden sind senkrecht zueinander. Die Steigungen der senkrechten Geraden haben entgegen gesetzte Vorzeichen und Zähler und Nenner sind vertauscht.

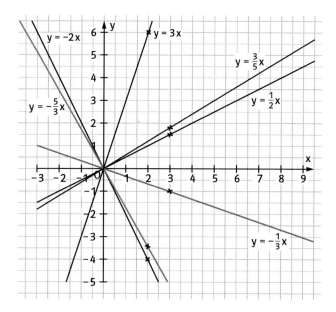

12 a) Da das Boot zurückgerudert werden muss, kann der Erwachsene nicht als erster rudern.
Es rudern erst die beiden Kinder von Ufer A nach Ufer B. Kind 1 bleibt am Flussufer B, das Kind 2 rudert zurück. Kind 2 bleibt am Ufer A und lässt den Erwachsenen ans gegenüberliegende Ufer B rudern, Kind 1 rudert das Boot vom gegenüberliegenden Ufer zurück nach A und beide Kinder setzen dann über nach B.
Das sind 5 Flussüberquerungen.
b) Jeder Erwachsene muss wie oben beschrieben über den Fluss gebracht werden, beim 2., 3., 4. und 5. Erwachsenen entfällt aber die erste Fahrt.
Man muss also 21-mal hin und her rudern.

Seite 167

13 a) Die Punkte lauten $A(1,5|2)$; $B(3|0,5)$; $C(5|2,5)$; $D(3,5|4)$. Man kann die Steigungen jeweils ablesen. Den Achsenabschnitt b liest man ebenfalls ab oder berechnet ihn, indem man in die Formel $y = mx + b$ die Steigung m und die Koordinaten eines Punkts für x und y einsetzt.
Die Gleichungen der Geraden lauten:
g_{AB}: $y = -x + 3,5$
g_{CD}: $y = -x + 7,5$
g_{AD}: $y = x + 0,5$
g_{BC}: $y = x - 2,5$
Die kleinen Buchstaben geben an, welche der Punkte auf dieser Gerade liegen.
b) Die Punkte lauten $A(3|0)$; $B(6|1,5)$; $C(2,5|5)$; $D(1|2)$.
Die Gleichungen der Geraden lauten:
g_{AB}: $y = 0,5x - 1,5$
g_{BC}: $y = -x + 7,5$
g_{CD}: $y = 2x$
g_{AD}: $y = -x + 3$
Die kleinen Buchstaben geben an, welche der Punkte auf dieser Gerade liegen.

14 Die Punkte lauten A(0|1); B(4|3); C(1|6)
g_{AB}: y = 0,5x + 1
g_{BC}: y = −x + 7
g_{AC}: y = 5x + 1
Die Innenwinkel haben folgende Größe:
α = 52°; β = 72°; γ = 56°
Tipp: Zeichne die Höhe auf AB durch den Punkt C. Liegt der Punkt B' am Schnittpunkt der eingezeichneten Höhe mit der Geraden AB, dann ist der Winkel β = 90°. Will man einen stumpfen Winkel, muss der Punkt also noch weiter „nach links" wandern. Die Gleichung einer möglichen Geraden B'C lautet:
B'(2|2); $g_{B'C}$: y = −4x + 10

Fadenbilder

- Individuelle Lösungen. Man gibt entweder die Funktionsgleichungen ein oder die zwei Punkte auf den Achsen und lässt eine Verbindungsgerade zeichnen.
- g_{AB}: y = −$\frac{10}{2}$x + 10

  g_{CD}: y = −$\frac{9}{4}$x + 9

  g_{EF}: y = −$\frac{8}{6}$x + 8

  g_{GH}: y = −$\frac{7}{8}$x + 7

  g_{IJ}: y = −$\frac{6}{10}$x + 6

  g_{KL}: y = −$\frac{5}{12}$x + 5

  g_{MN}: y = −$\frac{4}{14}$x + 4

  g_{OP}: y = −$\frac{3}{16}$x + 3

  g_{QR}: y = −$\frac{2}{18}$x + 2

  g_{ST}: y = −$\frac{1}{20}$x + 1

- Lösung entspricht dem Fadenbild im Buch. Verwendet man zur Erstellung der Geraden ein dynamisches Geometriesystem, muss man die Funktionsgleichungen vor der Eingabe nach y auflösen oder die beiden Punkte auf den Achse eingeben und eine Verbindungsgerade zeichnen lassen.

Seite 168

Versorgungstarife

- Man berechnet
Grundgebühr + Anzahl der Kilowattstunden
Für Familie Sommer ergibt sich:
EWR: 964,68 €
GreenStrom: 967,20 €
HappyEnergy: 979,08 €
BerspitzStrom: 961,80 €
Am günstigsten ist für sie BergspitzStrom.
Für Frau Bonetti ergibt sich:
EWR: 269,88 €
GreenStrom: 301,20 €
HappyEnergy: 292,83 €
BerspitzStrom: 316,05 €
Sie sollte also EWR wählen.

- Man gibt die Grundgebühren der verschiedenen Anbieter in einer Reihe (A1; B1; ...) an, die Kosten pro kWh in der nächsten Reihe (A2; B2; ...). Als Formel für den Rechnungsbetrag gibt man in Zelle A3 ein „=A1+x*A2", wobei A1 bzw. A2 markiert werden müssen, x ist der eigene Stromverbrauch. Drückt man auf „Enter" erscheint der Rechnungsbetrag. Zieht man das Feld A3 nun über die Zellen B2; B3; ... erscheinen auch die anderen Rechnungsbeträge.

-

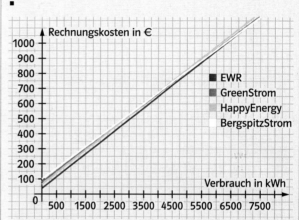

Im Schaubild sind die Anbieter aus der Tabelle oben dargestellt.
Ein Problem ist, dass der Unterschied zwischen 100 kWh so gering ist, dass der Rechnungsbetrag im Schaubild nur schwer abzulesen ist. Generell muss man im Voraus sehr genau wissen, wie viele kWh man benötigt, um zu entscheiden welchen Anbieter man wählt.

- Pro Monat erhält man etwa
150 kWh · 0,574 € = 86,10 €
Nach 12 500 € : 86,10 € = 145,18 Monaten, also etwa 12 Jahren, hat sich die Anschaffung bezahlt gemacht.

- Punkt P zeigt die Grundgebühr von 30 € an, Punkt Q zeigt den Verbrauch von 200 m³ und die Gesamtkosten von 180 € an. Am y-Achsenabschnitt liest man die Grundgebühr ab. Die Steigung gibt an, wie hoch die Kosten pro Kubikmeter sind.

- Man sucht sich ein geeignetes Steigungsdreieck und liest ab, dass der Preis pro Kubikmeter 0,75 € beträgt.

- Familie Schneider hat 200 Kubikmeter Wasser verbraucht und bezahlt dafür 180 €. Für das Abwasser bezahlt sie zusätzlich 320 €. Die Kosten belaufen sich insgesamt auf 500 €.

- Individuelle Lösungen. Die Gebühren könnt ihr bei den Stadtwerken erfragen. Sicher können euch aber auch eure Eltern weiterhelfen.

Treffpunkte

Alle Treffpunktlösungen sind nur Vorschläge, die als ungefähre Richtschnur dienen sollen. Je nach Interpretation der Angaben erhält man abweichende Ergebnisse. Wichtig ist bei diesen offenen Aufgabentypen nicht das reine Ergebnis, sondern vor allem die Herangehensweise und der Weg zur Lösung. Wie gehe ich an das Problem heran und wie löse ich es? Gibt es unterschiedliche Wege? Welche Hilfsmittel brauche ich? Welche Informationen muss ich nutzen? Muss ich weitere Informationen suchen? Führen die verschiedenen Lösungswege zu unterschiedlichen Ergebnissen? Welche sind genauer?

Treffpunkt Natur – Der Natur auf der Spur

Seite 170 und 171

Wandernde Vielfraße
- Da der untere Teil des Fotos stärker mit Heuschrecken besiedelt ist als der obere Teil, kann das gesamte Foto (13 cm × 5,5 cm) zunächst waagerecht in zwei Rechtecke geteilt werden, wobei das untere Rechteck die Maße 13 cm × 2,5 cm und das obere die Maße 13 cm × 3 cm hat. Die Anzahl der Heuschrecken kann nun folgendermaßen geschätzt werden:

Das untere Rechteck wird in 13 gleich große Rechtecke der Höhe 2,5 cm eingeteilt. In einem beliebigen Rechteck wird die Anzahl der Heuschrecken gezählt, mit 13 multipliziert und als Teilergebnis 1 notiert. Ebenso wird mit dem oberen Rechteck verfahren und als Teilergebnis 2 notiert.

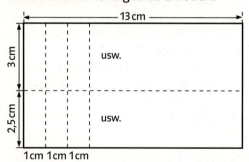

Die Summe der Teilergebnisse ist die geschätzte Anzahl der Heuschrecken. Mögliche Lösung:
In der unteren Hälfte, sind es ungefähr 45 bis 50 Heuschrecken in einem kleinen Rechteck. Wenn wir von 50 ausgehen, sind es insgesamt 650 Heuschrecken in dem unteren großen Rechteck.
Mit ungefähr 40 Heuschrecken in einem kleinen Rechteck in der oberen Hälfte, sind es dann 520 Heuschrecken in dem oberen großen Rechteck.

Insgesamt sind es damit etwa 1200 Heuschrecken.
Hinweis: Je feiner die Einteilung ist, desto genauer kann man die Anzahl der Heuschrecken auf einer Fläche schätzen.
- Den Angaben auf dem Rand zufolge verzehrt eine erwachsene Wanderheuschrecke pro Tag ihr eigenes Körpergewicht an Nahrung. Demzufolge umfasst ein kleiner Schwarm, der täglich ca. eine Tonne Grünfutter verzehrt, 500 000 Tiere (1 t = 1 000 000 g).
Ein großer Schwarm von 40 Milliarden Tieren verzehrt täglich etwa (40 Milliarden mal 2 Gramm, das sind 80 Milliarden Gramm) 80 000 Tonnen Grünfutter. Wo große Schwärme durchziehen, bleibt in der Regel kein Grashalm stehen. Mit der Nahrung, die 200 000 Tiere an einem einzigen Tag zu sich nehmen, könnte ein Mensch ein Jahr lang leben.
- Die günstigen Bedingungen für eine explosionsartige Vermehrung sind Wärme (etwa 36 °C), genügend Grünfutter und Feuchtigkeit. Diese Bedingungen sind nur im Herbst des zweiten Jahres zu verzeichnen. In den vorherigen Zeiträumen mangelt es stets an einem der genannten Faktoren. Somit ist davon auszugehen, dass die Heuschrecken sich in diesen Zeiträumen nicht so stark vermehrten.

Der Viktoriasee
- Der Viktoriasee hat eine Gesamtfläche von 68 870 km². Seine größte Länge beträgt 412 km und die größte Breite 355 km.
Die Größe des Sees kann anhand der Satellitenaufnahme beispielsweise dadurch ermittelt werden, dass man ein Parallelogramm der Länge (Breite) 1,7 cm und der Höhe 2,8 cm derart über den See legt, dass sich ausgesparte Flächen mit überstehenden Flächen in etwa ausgleichen. Der Flächeninhalt des Parallelogramms beträgt 4,76 cm², was unter Berücksichtigung des angegebenen Maßstabs zu einer Größe des Sees von etwa 68 544 km² führt.
Ausführlich: 1,7 cm entsprechen 204 km
2,8 cm entsprechen 336 km
4,76 cm² entsprechen 68 544 km²
Deutschland hat eine Fläche von ca. 357 093 km². Damit hat der Viktoriasee etwa ein Fünftel der Größe Deutschlands.
- Eine Fähre, die im Schnitt 11 kn, d. h. ca. 20 $\frac{km}{h}$ zurücklegt, braucht
 - für die Strecke Bukoba – Mwanza (etwa 180 km) 9 Stunden.
 - für die Strecke Mwanza – Musoma (etwa 200 km) 10 Stunden.

- für die Strecke Mwanza – Jinja (etwa 360 km) 18 Stunden.
- für die Strecke Musoma – Jinja (etwa 336 km) ca. 17 Stunden.

Wasser – ein kostbares Gut
- Auf der Erde leben zurzeit etwa 6 Milliarden ($6 \cdot 10^9$) Menschen. Würde die Wassermenge des Viktoriasees auf alle Menschen der Erde gleichmäßig verteilt, so bekäme jeder etwa 458 m³ Wasser.
- Der gesamte Trinkwasservorrat der Erde beträgt etwa $115 \cdot 10^{15}$ Liter.

Natürliche Fabriken
- Von den 5 Millionen Kubikmetern Luft, die ein Mensch in seinem Leben durchschnittlich atmet, sind 21 %, also 1 050 000 m³, Sauerstoff.
Ein hundertjähriger Baum setzt pro Jahr etwa 4500 kg Sauerstoff frei, das sind 3,15 Millionen Liter bzw. 3150 m³.
Geht man davon aus, dass ein Mensch im Schnitt 78 Jahre alt wird, dann bedeutet das einen Verbrauch von 1 050 000 m³ : 78 ≈ 13 500 m³ Sauerstoff pro Jahr.
Demnach braucht ein Mensch etwa (13 500 m³ : 3150 m³) vier hundertjährige Bäume zum Leben. (In Deutschland liegt das durchschnittliche Alter derzeit bei 76 (männlich) bzw. 81 (weiblich) Jahren.)
- Die Tabelle für drei Setzlinge in der ersten Reihe sieht wie folgt aus:

Reihen	1	2	3	4	5	6	...
Anzahl der Setzlinge	3	5	8	10	13	15	...

Werden in die erste Reihe sechs Setzlinge gepflanzt, so ergibt sich folgende Tabelle:

Reihen	1	2	3	4	5	6	...
Anzahl der Setzlinge	6	11	17	22	28	33	...

- Ein Term für die Gesamtzahl der Setzlinge lautet:

3 Setzlinge in der ersten Reihe:

gerade Anzahl an Reihen: $s = \frac{r}{2} \cdot 3 + \frac{r}{2} \cdot 2 = \frac{5}{2} r$

ungerade Reihenzahl: $s = \frac{r+1}{2} \cdot 3 + \left(\frac{r+1}{2} - 1\right) \cdot 2$
$= \frac{5}{2} r + \frac{1}{2}$

6 Setzlinge in der ersten Reihe:

gerade Anzahl an Reihen: $s = \frac{r}{2} \cdot 6 + \frac{r}{2} \cdot 5 = \frac{11}{2} r$

ungerade Reihenzahl: $s = \frac{r+1}{2} \cdot 6 + \left(\frac{r+1}{2} - 1\right) \cdot 5$
$= \frac{11}{2} r + \frac{1}{2}$

- Geht man davon aus, dass sich **drei** Setzlinge in der ersten Reihe befinden, so sind
- in 10 Reihen:
 $s = \frac{10}{2} \cdot 3 + \frac{10}{2} \cdot 2 = 25$ Setzlinge
- in 100 Reihen:
 $s = \frac{100}{2} \cdot 3 + \frac{100}{2} \cdot 2 = 250$ Setzlinge
- in 1000 Reihen:
 $s = \frac{1000}{2} \cdot 3 + \frac{1000}{2} \cdot 2 = 2500$ Setzlinge

Optimale Baumeister
- individuelle Lösungen
- Wenn die Biene das in einem hohlen Baum gelegene Nest des Volkes verlässt, liegt der Weideplatz 40° rechts von der Sonne. Um in ihrem Nest von dieser Nahrungsquelle zu berichten, läuft die Biene ein Achterfigur, wobei sie beim mittleren Teil des Tanzes, dem sogenannten Schwänzellauf, ihren Körper rasch seitlich hin- und herbewegt. Da sich die Blumen 40° rechts von der Sonne befinden, verläuft der Schwänzeltanz in einem Winkel von 40° von der Senkrechten.
Die Ausrichtung und Dauer jedes Schwänzellaufs korreliert eng mit der Richtung und der Entfernung der Nahrungsquelle. Blumen, die in direkter Richtung zur Sonne hin liegen, werden durch Schwänzelläufe nach oben auf der senkrechten Wabe angezeigt, und jeder beliebige Winkel rechts oder links von der Sonne wird durch diese Winkelabweichung nach rechts oder links von der senkrechten Richtung nach oben verschlüsselt.
Befindet sich die Nahrungsquelle genau gegenüber der Sonne bzw. im 180° Winkel zur Sonne, so tanzt die Biene senkrecht nach unten.
Die Entfernung zwischen Nisthöhle und Flugziel wird offenbar über die Dauer des Schwänzellaufs kodiert.
- In dem abgebildeten Honigglas befinden sich etwa 0,48 l Honig, das sind etwa 670 g. Dafür sind rund 20 000 Blütenbesuche nötig. Wenn man davon ausgeht, dass eine Biene 20-mal fliegt, sind ca. 1000 Bienen erforderlich.
- individuelle Lösungen

> **... und jetzt auf in die Natur!**
> - individuelle Lösungen und Aktivitäten

Seite 172 und 173

Treffpunkt Tour de France – Die Jagd auf das Gelbe Trikot

Kleine Tourgeschichte

- Alle Werte (grau unterlegt) können aus den Angaben des Textes und der Tabelle berechnet werden.

Name	Strecke	Gesamtzeit
Maurice Garin (F/1903)	2428 km	etwa 94 h 33 min
Jan Ullrich (D/1997)	3945 km	100 h 30 : 35 min
Lance Armstrong (USA/2005)	3639 km	86 h 15 : 02 min

Name	durchschnittliche Geschwindigkeit	durchschnittliche Etappenlänge
Maurice Garin (F/1903)	25,679 km/h	etwa 404,67 km
Jan Ullrich (D/1997)	etwa 39,25 km/h	etwa 187,86 km
Lance Armstrong (USA/2005)	etwa 42,19 km/h	etwa 173,29 km

Die Etappenlängen haben sich seit 1903 enorm verkürzt auf weniger als die Hälfte. Es fällt auf, dass sich die Durchschnittsgeschwindigkeit von 1997 auf 2005 noch einmal stark erhöht hat. Das ist sicherlich auf besseres Material, aber auch auf evtl. weniger Bergetappen zurückzuführen.

- **Zweitplatzierte**

1903: ca. 97 h 30 min; durchschnittliche Geschwindigkeit: ca. 24 km/h
1997: 100 h 39 : 44 min; durchschnittliche Geschwindigkeit: ca. 39 km/h
2005: 86 h 19 : 42 min; durchschnittliche Geschwindigkeit: ca. 42 km/h
Die Durchschnittsgeschwindigkeit weicht nur 1903 stärker vom Erstplatzierten ab, da dieser damals über drei Stunden Vorsprung hatte.

-

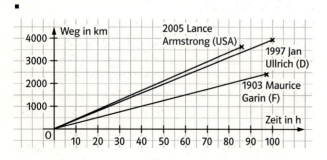

- Ein durchschnittlicher Radfahrer fährt maximal 20 km in der Stunde. Bei starkem Antritt schafft ein solcher Fahrer über kurze Distanz über 30 km/h. Anstiege und Abfahrten wie bei den Bergetappen der Tour de France werden hier nicht mitberücksichtigt.

Leicht und stabil

Eine Pedalumdrehung entspricht $54 : 15 = 3,6$ Drehungen des Hinterrads.
Mit 28-Zoll-Durchmesser legt das Rad eine Strecke von etwa 223,43 cm zurück.
Bei einer Pedalumdrehung legt der Rennfahrer einen Weg von $223,43 \text{ cm} \cdot 3,6 = 804,35 \text{ cm} = 8,04 \text{ m}$ zurück.

- (die folgenden Werte werden einer maßstabsgerechten Zeichnung entnommen):

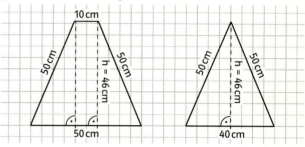

$F_{Trapez} = 30 \cdot 46 \text{ cm}^2 = 1380 \text{ cm}^2$
$F_{Dreieck} = 40 \cdot 46 \text{ cm}^2 : 2 = 920 \text{ cm}^2$
$F_{Gesamt} = 2300 \text{ cm}^2 \ (= 0,23 \text{ m}^2 < \frac{1}{4} \text{ m}^2)$
Eine solche Fläche zu vermieten ist sicher lukrativ, kann allerdings evtl. der Aerodynamik des Rennrades schaden.
Eine einfache geometrische Lösung ist:

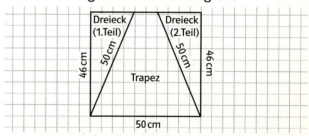

$F_{Gesamt} = 50 \text{ cm} \cdot 46 \text{ cm} = 2300 \text{ cm}^2$

Steile Berge

- individuelle Lösungen
- Beispielgraph:

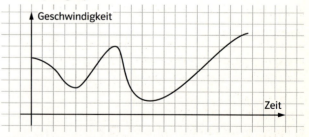

mögliche Lösungen:
Der Geschwindigkeitsgraph verläuft genau entgegengesetzt zum Streckenprofil. Bei Abfahrten verläuft er steil nach oben, da sich die Geschwindigkeit erhöht, bei Anstiegen fällt er ab und bleibt niedrig, da die Geschwindigkeit stark abnimmt.

- Steigung 1 (Col de la Madeleine):
1542 m : 27000 m ≈ 0,057 = 5,7 %
Steigung 2 (Col du Galibier, ab St. Avre):
2152 m : 57000 m ≈ 0,038 = 3,8 %
Steigung 2 (Col du Galibier, ab Bergfuß, bei 97,5 km)
≈ 1900 m : 35500 m ≈ 0,054 = 5,4 %
Wenn man die beiden Abschnitte ab dem Bergfuß vergleicht, liegen etwa gleiche durchschnittliche Steigungen von etwa 5 % vor (5 m Anstieg auf 100 m horizontaler Länge). Im Detail existieren an diesen beiden Bergen sogar Steigungsabschnitte von über 15 %.

- Wenn man die Länge der Tour de France, die mit 3500 bis 4000 km rund 5-mal durch ganz Deutschland verlaufen würde, und die Steigung der extremen Bergetappen berücksichtigt, scheint der Name „Tour der Leiden" durchaus angemessen zu sein. Vier Wochen lang quälen sich die Fahrer bei teilweise extremen Sommertemperaturen über diese lange Distanz nach Paris, was zu vielen Ausfällen im Fahrerlager führt. Zahlreiche Fahrer trainieren das ganze Jahr über nur für die Tour de France.

Grüne Punktejäger
- Flachetappen: 25 Punkteränge
(= 25 Fahrer mit Punkten)
Mittlere Bergetappen: 20 Punkteränge
(= 20 Fahrer mit Punkten)
Schwere Bergetappen: 15 Punkteränge
(= 15 Fahrer mit Punkten)
Einzelzeitfahren: 10 Punkteränge
(= 10 Fahrer mit Punkten)
Zwischensprints: 3 Punkteränge
(= 3 Fahrer mit Punkten)
- Maximale Punktezahl 2005:
9 Flachetappen: 9 · 35 P. (Ziel) + 9 · 3 · 6 P. (ZS) = 477 P.
6 Mittlere Bergetappen: 6 · 25 P. (Ziel) + 6 · 2 · 6 P. (ZS) = 222 P.
3 Schwere Bergetappen: 3 · 20 P. (Ziel) + 3 · 2 · 6 P. (ZS) = 96 P.
2 Zeitfahren: 2 · 15 P. (Ziel) = 30 P.
Gesamt: 825 P.
- Individuelle Lösungen, bei denen alle möglichen Kombinationen auftreten können. (z. B. 194 P. = 3 · 35 P. + 2 · 25 P. + 1 · 20 P. + 2 · 6 P. + 7 · 1 P.).
- G = 825 P.,
Formel: $p\% = W \cdot 100 : G$
1. Platz: $p_1 = 194 \cdot 100 : 825 = 23,\overline{51}\%$
2. Platz: $p_2 = 182 \cdot 100 : 825 = 22,\overline{06}\%$
3. Platz: $p_3 = 178 \cdot 100 : 825 = 21,\overline{57}\%$
4. Platz: $p_4 = 158 \cdot 100 : 825 = 19,\overline{15}\%$
Anmerkung: Es liegen in allen Fällen periodische Dezimalbrüche vor.
Sie haben zusammen rund 86 % der Punkte geholt.

Übrigens wurden 2005 auf den 21 Etappen insgesamt 5531 Punkte an die Fahrer vergeben. Auch hier könnte man interessante Prozentzahlen ausrechnen. Man beachte außerdem: Der Fahrer mit den meisten Sprintpunkten ist nicht automatisch der Gewinner der Tour de France, da es sich beim gelben Trikot um eine Zeitmessung handelt.

... und jetzt Startschuss!

individuelle Lösungen und Aktivitäten

Seite 174 und 175

Treffpunkt Wikinger: Nomaden der Meere

Weitgereiste Händler
- Es bietet sich hier an, eine Europakarte (z. B. eine Karte im Maßstab von 1 : 16 000 000) zu benutzen, wie sie in jedem Atlas zu finden ist. Die Messung der Fahrtstrecke kann entweder etappenweise mit einem Geodreieck/Lineal erfolgen oder mithilfe eines Fadens im Gesamten gemessen und maßstabgerecht umgerechnet werden. Die Schülerinnen und Schüler können den Seeweg zusätzlich geographisch beschreiben. Im Folgenden ein Beispiel für das etappenweise Ausmessen mit kurzer „Wegbeschreibung":
a) Oslo → London: ca. 1100 km Seeweg über die Nordsee
b) London → Lissabon: ca. 1600 km Seeweg über den stürmischen Atlantik
c) Lissabon → Gibraltar: ca. 600 km Seeweg bis zur Meerenge („Tor zum Mittelmeer")
d) Gibraltar → Palermo: ca. 1600 km Seeweg über das Mittelmeer bis zur „Hauptstadt" von Sizilien
e) Palermo → Athen: ca. 1300 km Seeweg über das Mittelmeer (Ionisches Meer)
f) Athen → Istanbul: ca. 600 km Seeweg bis zum Bosporus („Tor zum Schwarzen Meer")
Gesamtstrecke: ca. 6800 km
- 12 kn = 22,2 km/h
6800 km : 22,2 km/h ≈ 306,3 h ≈ 13 d (reine Segelzeit)
Bedenkt man, dass pro Tag je nach Wetterlage und Lichtverhältnissen auf einem Wikingerschiff nur acht Stunden gesegelt werden kann, errechnet sich eine Segelzeit von etwa (306 : 8) 38 Tagen. Rechnet man für jeweils fünf Segeltage eine zweitägige Proviantpause ein, so ergeben sich weitere sieben Zwischenstopps mit 14 Tagen Aufenthaltsdauer an Land. Somit beträgt die gesamte Fahrzeit rund 52 Tage. Man kann bei gleichmäßiger Fahrt (was auf dem stürmischen Atlantik z. B. nicht zu erwarten ist!) also von knapp zwei Monaten Fahrdauer ausgehen.

Andere individuelle Lösungen sind möglich.
- Ein Drachenboot der Wikinger hat bis zu 40 Mann Besatzung, wie aus der Information auf der Randspalte zu entnehmen ist. Berechnet man pro Mann drei Liter Wasser am Tag (normaler Tagesverbrauch erwachsener Menschen heutzutage), ergibt sich ein Verbrauch von etwa (40 × 39 × 3 l) 4680 Litern (etwa 94 50-l-Fässer). Sollten am Tag aufgrund der großen körperlichen Anstrengungen fünf Liter Wasser verbraucht werden, sind es sogar (40 × 39 × 5 l) 7800 Liter (= 156 50-l-Fässer)!

Entdeckungsfahrten im Drachenboot
- Diese Aufgabe lässt sich gut mithilfe einer Zeichnung lösen.
Nimmt man den Wikinger auf dem unteren Längsschnitt als Vergleich zu Hilfe, ergibt sich der Umrechnungsfaktor 1 cm ≙ 2 m.
Das Rechteck hat nun eine Gesamtfläche von etwa 20 m × 4 m = 80 m².
Abzüglich der Fläche aufgrund der Rumpfwölbung: ca. 5 m × 4 m = 20 m²
Deckfläche: 80 m² − 20 m² = 60 m²
Diese Deckfläche ist etwa so groß, wie eine moderne 2-Zimmer-Wohnung. Man bedenke: Auf ihr mussten damals bis zu 40 Wikinger mehrere Wochen lang leben und arbeiten.
- Dem Foto lässt sich der Umrechnungsfaktor von 0,5 cm ≙ 2 m entnehmen. Das Segel ist somit etwa 8 m × 8 m = 64 m² groß. Das ist größer, als das eigentliche Schiffsdeck (s.o.).
- Es ist sehr schwierig, genauere Angabe über die Wasserverdrängung des Bootes zu machen, da das Volumen des Körpers aufgrund seiner Wölbung schwer zu berechnen ist. Geht man mit Blick auf das Foto davon aus, dass das scheinbar sehr flach im Wasser liegende Drachenboot einen Tiefgang von etwa 30 cm hat, so ergibt sich eine Wasserverdrängung von 0,3 m × 60 m² (siehe Deckfläche oben) = 18 m³.

Im Geschwindigkeitsrausch
- Der linke Graph gehört eindeutig zum Handelsschiff. Das Boot kommt schnell in Fahrt, bremst nach etwa 12 min bei einer Geschwindigkeit von 10 kn wieder ab (evtl. um zu wenden oder zu navigieren) und erhöht dann die Geschwindigkeit recht schnell auf etwa 14 kn (= 25,9 km/h) Spitzengeschwindigkeit.
Der rechte Graph ist der eines großen, trägen Kriegsschiffes, das erst langsam in Fahrt kommt, dann aber, wahrscheinlich mithilfe der Ruderer, eine hohe Geschwindigkeit von über 16 kn (= 29,6 km/h) erreicht.

- individuelle Lösungen in Bezug auf oben genannte Geschwindigkeitsentwicklung
- Der Widerstand des Wassers und die Verdrängung (s.o.) setzt der maximalen Geschwindigkeit eines Bootes ihre Grenzen. Außerdem ist die Leistung der Ruderer natürlich ebenfalls begrenzt.

Schöner Schein
- Der linke Kreuzanhänger besitzt ein Volumen von etwa 1300 mm³ (≈ 1,3 cm³) und wiegt somit 11,4 g. Der rechte Thorhammer hat ein Volumen von etwa 1600 mm³ (≈ 1,6 cm³) und wiegt somit etwa 14,1 g. Er ist allerdings gewölbt und somit ist sein Gewicht nur näherungsweise zu berechnen.
- Der Kreuzanhänger besitzt bei 60%igem Anteil (siehe Info-Kasten) mindestens 6,8 g Kupfer, der Thorhammer dagegen 8,5 g.
- Der Thorhammer muss etwa das 1,2-Fache des Kreuzanhängers gekostet haben, da sein Volumen und Gewicht etwa das 1,2-Fache beträgt (14,1 g : 11,4 g ≈ 1,2).
Möglicherweise musste der Käufer auch mal die aufwändige Verzierung honorieren.

Leben auf dem Lande
- Die Längen des Langhauses lassen sich durch Abmessen auf der oberen Abbildung im Verhältnis zum Wikinger berechnen (1 cm = 1 m). Es liegt kein echtes Schrägbild vor, sondern eine Darstellung mit Fluchtpunkt. Somit muss man die Längen anhand der Balkenanordnung an den Wänden abschätzen.
Die Zeichnung des Grundrisses erfolgt dann am besten im Maßstab von 1:100 zum Originalhaus (mögliche geschätzte Maße):
Länge: 7,5 m ≙ 7,5 cm, Breite: 3,5 m ≙ 3,5 cm
- Höhe: 2,50 m (im Quader)
Höhe vom Dachgiebeldreieck: 1,50 m, Dachbalken: 2,50 m (im Dreiecksprisma)
Das Volumen des Langhauses berechnet sich aus den Teilkörpern eines Quaders und eines Dreiecksprismas:
V_Q = (7,5 · 3,5 · 2,5) m³ ≈ 6,6 m³
V_D = (7,5 · 3,5 · 1,5) m³ ≈ 19,7 m³
V_{Gesamt} = (65,6 + 19,7) m³ = 85,3 m³
Die Außenfläche ergibt sich aus den zwei Dachrechtecken, den beiden Wandrechtecken sowie den beiden Stirnseiten bestehend aus einem Rechteck und einem gleichschenkligen Dreieck.
O = (2 · 7,5 · 2,5 + 2 · 7,5 · 2,5 + 2 · 3,5 · 2,5 + 2 · 3,5 · 1,5) m² = 77,75 m²
- Wenn sich die Wände um 0,5 m erhöhen bzw. verringern, wird das Volumen um 13,125 m³ (7,5 · 3,5 · 0,5) größer bzw. kleiner. Die Oberfläche vergrößert bzw. verkleinert sich um 11 m² (2 · 7,5 · 0,5 + 2 · 3,5 · 0,5).